ART& DESIGN

U0338222

高等院校艺术设计教育『十二五』规划教材

学术指导委员会

张道一　杨永善　尹定邦　柳冠中　许　平　李砚祖　何人可　张夫也

编写委员会

总主编　张夫也

执行主编　陈鸿俊

编委（按姓氏笔画排序）

王　礼　王　剑　王莉莉　王鹤翔　王文全　丰明高　邓树君　白志刚
江　杉　安　勇　龙跃林　许劭艺　朱方胜　孙　丽　刘　荃　刘永福
刘镜奇　刘晓敏　刘英武　尹建强　李立芳　李　轩　李嘉芝　李　欣
陈　希　陈鸿俊　陈凌广　陈　新　陈广禄　陈　杰　陈祖展　陆立颖
张夫也　张　新　张志颖　何　辉　何新闻　何雪苗　苏大椿　沈劲夫
劳光辉　易　锐　罗　潘　柯水生　徐　浩　桑尽东　殷之明　唐宇冰
袁金戈　商　杰　梅爱冰　蒋尚文　韩英杰　彭泽立　雷珺麟　廖荣盛
廖少华　戴向东

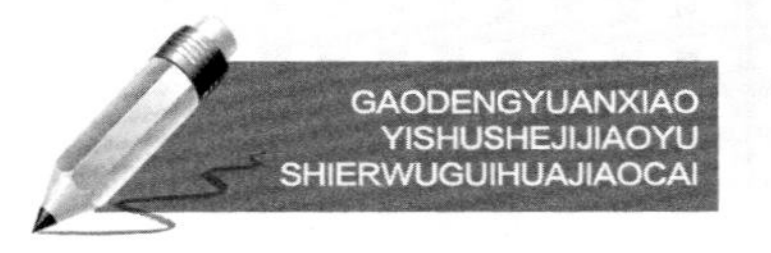

主　编　胡　波
副主编　邢志鹏　申淑娟　刘郁兴

家具设计

高等院校艺术设计教育『十二五』规划教材

Jiaju Sheji

GAODENGYUANXIAO
YISHUSHEJIJIAOYU
SHIERWUGUIHUAJIAOCAI

图书在版编目(CIP)数据

家具设计/胡波主编.—长沙:中南大学出版社,2014.5
ISBN 978-7-5487-1067-7

Ⅰ.家... Ⅱ.胡... Ⅲ.家具-设计 Ⅳ.TS664.01

中国版本图书馆 CIP 数据核字(2014)第 068474 号

家具设计

胡 波 主编

□责任编辑	刘 莉
□责任印制	易建国
□出版发行	中南大学出版社
	社址:长沙市麓山南路 邮编:410083
	发行科电话:0731-88876770 传真:0731-88710482
□印 装	长沙新恩印刷有限公司

□开 本	889×1194 1/16 □印张 8.25 □字数 255 千字
□版 次	2014 年 8 月第 1 版 □2014 年 8 月第 1 次印刷
□书 号	ISBN 978-7-5487-1067-7
□定 价	48.00 元

图书出现印装问题,请与经销商调换

总 序

人类的设计行为是人的本质力量的体现，它随着人的自身的发展而发展，并显示为人的一种智慧和能力。这种力量是能动的，变化的，而且是在变化中不断发展，在发展中不断变化的。人们的这种创造性行为是自觉的，有意味的，是一种机智的、积极的努力。它可以用任何语言进行阐释，用任何方法进行实践，同时，它又可以不断地进行修正和改良，以臻至真、至善、至美之境界，这就是我们所说的"设计艺术"——人类物质文明和精神文明的结晶。

设计是一种文化，饱含着人为的、主观的因素和人文思想意识。人类的文化，说到底就是设计的过程和积淀，因此，人类的文明就是设计的体现。同时，人类的文化孕育了新的设计，因而，设计也必须为人类文化服务，反映当代人类的观念和意志，反映人文情怀和人本主义精神。

作为人类为了实现某种特定的目的而进行的一项创造性活动，作为人类赖以生存和发展的最基本的行为，设计从它诞生之日起，即负有反映社会的物质文明和精神文化的多方面内涵的功能，并随着时代的进程和社会的演变，其内涵不断地扩展和丰富。设计渗透于人们的生活，显示着时代的物质生产和科学技术的水准，并在社会意识形态领域发生影响。它与社会的政治、经济、文化、艺术等方面有着千丝万缕的联系，从而成为一种文化现象反映着文明的进程和状况。可以认为：从一个特定时代的设计发展状况，就能够看出这一时代的文明程度。

今日之设计，是人类生活方式和生存观念的设计，而不是一种简单的造物活动。设计不仅是为了当下的人类生活，更重要的是为了人类的未来，为了人类更合理的生活和为此而拥有更和谐的环境……时代赋予设计以更为丰富的内涵和更加深刻的意义，从根本上来说，设计的终极目标就是让我们的世界更合情合理，让人类和所有的生灵，以及自然环境之间的关系进一步和谐，不断促进人类生活方式的改良，优化人们的生活环境，进而将人们的生活状态带入极度合理与完善的境界。因此，设计作为创造人类新生活，推进社会时尚文化发展的重要手段，愈来愈显现出其强势的而且是无以替代的价值。

随着全球经济一体化的进程，我国经济也步入了一个高速发展时期。当下，在我们这个世界上，还没有哪一个国家和地区，在设计和设计教育上有如此迅猛的发展速度和这般宏大的发展规模，中国设计事业进入了空前繁盛的阶段。对于一个人口众多的国家，对于一个具有五千年辉煌文明史的国度，现代设计事业的大力发展，无疑将产生不可估量的效应。

然而，方兴未艾的中国现代设计，在大力发展的同时也出现了诸多问题和不良倾向。不尽如人意的设计，甚至是劣质的设计时有面世。背弃优秀的本土传统文化精神，盲目地追捧西方设计风格；拒绝简约、平实和功能明确的设计，追求极度豪华、奢侈的装饰之风；忽视广大民众和弱势群体的需求，强调精英主义的设计；缺乏绿色设计理念和环境保护意识，破坏生态平衡，不利于可持续性发展的设计；丧失设计伦理和社会责任，极端商业主义的设计大行其道。在此情形下，我们的设计实践、设计教育和设计研究如何解决这些现实问题，如何摆正设计的发展方向，如何设计中国的设计未来，当是我们每一个设计教育和理论工作者关注和思考的问题，也是我们进行设计教育和研究的重要课题。

目前，在我国提倡构建和谐社会的背景之下，设计将发挥其独特的作用。"和谐"，作为一个重要的哲学范畴，反映的是事物在其发展过程中所表现出来的协调、完整和合乎规律的存在状态。这种和谐的状态是时代进步和社会发展的重要标志。我们必须面对现实、面向未来，对我们和所有生灵存在的环

总 序

境和生活方式，以及人、物、境之间的关系，进行全方位的、立体的、综合性的设计，以期真正实现中国现代设计的人文化、伦理化、和谐化。

本套大型高等院校艺术设计教育“十一五”规划教材的隆重推出，反映了全国高校设计教育及其理论研究的面貌和水准，同时也折射出中国现代设计在研究和教育上积极探索的精神及其特质。我想，这是中南大学出版社为全国设计教育和研究界做出的积极努力和重大贡献，必将得到全国学界的认同和赞许。

本系列教材的作者，皆为我国高等院校中坚守在艺术设计教育、教学第一线的骨干教师、专家和知名学者，既有丰富的艺术设计教育、教学经验，又有较深的理论功底，更重要的是，他们对目前我国艺术设计教育、教学中存在的问题和弊端有切实的体会和深入的思考，这使得本系列教材具有了强势的可应用性和实在性。

本系列教材在编写和编排上，力求体现这样一些特色：一是具有创新性，反映高等艺术设计类专业人才的特点和知识经济时代对创新人才的要求，注意创新思维能力和动手实践能力的培养。二是具有相当的针对性，反映高等院校艺术设计类专业教学计划和课程教学大纲的基本要求，教材内容贴近艺术设计教育、教学实际，有的放矢。三是具有较强的前瞻性，反映高等艺术设计教育、教材建设和世界科学技术的发展动态，反映这一领域的最新研究成果，汲取国内外同类教材的优点，做到兼收并蓄，自成体系。四是具有一定的启发性。较充分地反映了高等院校艺术设计类专业教学特点和基本规律，构架新颖，逻辑严密，符合学生学习和接受的思维规律，注重教材内容的思辨性和启发式、开放式的教学特色。五是具有相当的可读性，能够反映读者阅读的视觉生理及心理特点，注重教材编排的科学性和合理性，图文并茂，可视感强。

总之，本系列教材具有鲜明的专业性和时代性，是高校艺术设计专业十分理想的教材。对于广大设计专业人士和设计爱好者来说，亦不失为一套实用的参考读物。相信本系列教材的问世，对促进我国设计教育的发展和推进高等艺术设计教学的改革，对构建文明而和谐的社会发挥其积极而重要的作用。

是为序。

张夫也

2006年圣诞前夕于清华园

张夫也　博士 清华大学美术学院史论学部主任、教授、博士研究生导师

中国美术家协会理论委员会委员

前 言

家具设计不仅仅是设计一件作品，更是为人类设计一种生活方式：设计一把椅子的同时，也为人们设计了一种坐的方式；设计一组衣柜的同时，也为人们设计了一种存放衣服的方式；设计一组橱柜的同时，也为人们设计了一种烹饪的方式。

据统计，人的一生有一大半的时间在与家具接触，可以说家具与人们的衣、食、住、行形影不离，因此家具也就顺理成章地成为了人类发展史上的一种载体。中国家具从商周时期开始，经历了矮型家具到高型家具的转变，直到明代，进入古代家具的鼎盛时期，清朝时，开始逐渐衰退。

随着新材料的出现和新工艺的发展，现代家具设计已经成为一个开放的、复杂的、交叉的学科。由于中国现代家具设计开始得较晚，中国优秀家具设计的地位被西方所取代。细数现代经典家具作品和家具设计大师，从里特维特的“红蓝椅”、米斯·凡得洛的“巴塞罗那椅”、马歇尔·布劳恩的“瓦西里椅”到雅各布森的“蛋椅”、“天鹅椅”，没有一个是中国的。经过几十年的发展，西方发达国家已经形成了一套完整的家具设计体系。

改革开放以来，中国家具业迅速发展，取得了很大的进步，初步形成了现代家具工业生产体系，并成为世界上家具生产和出口大国。但是，我们也要清醒地认识到我国与发达国家家具行业的差距，面对激烈的市场竞争，我国的家具设计领域却相对滞后。从“中国制造”到“中国创造”，中国家具行业迫切需要大量的创新型设计人才，尤其是专业家具设计师非常短缺，现有的人才数量与质量远远不能满足家具行业蓬勃发展的人才需求，这种人才稀缺状况已经阻碍了我国家具业的发展。希望本书能够为家具设计及家具设计相关专业的学科建设带来推动和促进作用。

本书可作为家具设计、室内设计、工业设计、环境艺术设计等相关专业的教学用书，也可供室内设计师、建筑设计师和广大家具设计爱好者阅读参考。

本书在编撰过程中得到了中南大学出版社的鼎力支持，尤其是陈应征、刘莉两位编辑对本书的出版做了很多有益的工作。还要感谢我的助手邢志鹏老师的辛勤劳动和无私奉献，没有他对家具设计的由衷热爱和深入研究，此书也不会这么顺利地得以出版。还要说明的是：由于家具设计涉及多个相关领域，本书中引用了大量的图片，其中部分来自网络的图片，未联系上作者，恕未一一注明，在此一并表示感谢。

刘 芳

甲午年春于会龙山畔工艺美院

目 录

第一章　家具设计概论

第一节　家具设计概述

一、家具设计的概念

家具是人类维持日常生活的工具，是在生活、工作或社会实践中供人们坐、卧或支撑与贮存物品的一类器具。它伴随人类文明和社会进步不断地发展，融技术、材料、文化和艺术于一体。家具除了是一种具有实用功能的物品外，更是一种具有丰富文化形态的艺术品。数千年来，家具的设计和建筑、雕塑、绘画等造型艺术的形式与风格的发展同步，成为文化艺术的一个重要组成部分。

相比以往，现代家具设计的范畴有所扩大，它几乎涵盖了所有的环境产品、城市设施、家庭空间、公共空间和工业产品。由于文明与科技的进步，家具设计的内涵是永无止境的，家具从木器时代演变到金属时代、塑料时代、生态时代。从建筑到环境，从室内到室外，从家庭到城市，当代家具的设计都是为了满足人们不断变化的需求，创造更美好、更舒适、更健康的生活、工作、娱乐和休闲方式。人类社会的生活方式在不断地变革，新的家具形态将不断产生，家具设计是具有无限生命力的。

家具设计主要由材料、结构、外观、功能四个因素构成，家具设计师必须综合考虑这四个方面的内容，因此，家具设计的过程是一个很复杂的过程，需要多个学科的综合知识。家具造型构思成熟后，用图形或模型，表达家具的造型、功能、尺度与尺寸、色彩、材料和结构。

家具设计反应的是当代工艺和设计的发展，功能第一，注重艺术性。1859年索尼特设计了经典的索尼特14号椅（图1-1），这款椅子既具有手工艺特色，又能够通过工业化方式批量生产，并在第一届世博会获得铜牌。这把椅子的设计，拉开了现代家具批量化生产的序幕。

图1-1　索尼特 14号椅

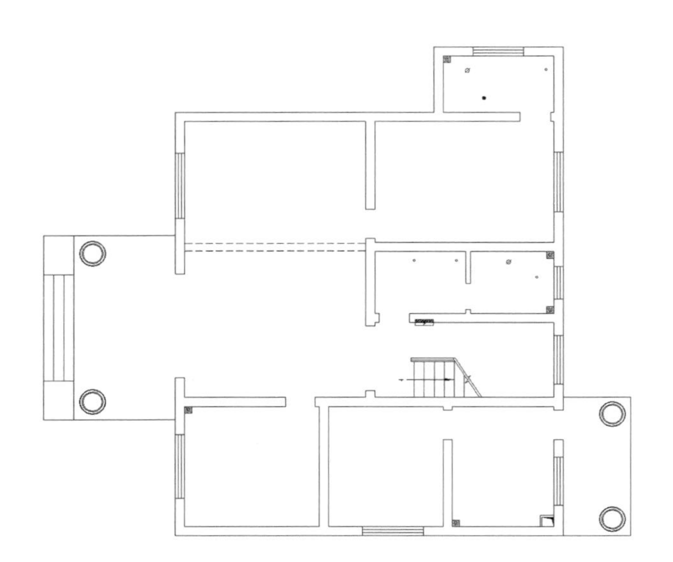

图1–2　原始结构图1

二、家具的功能

1. 定义空间的功能

一个空荡荡的空间是没有生命力的，摆放家具后，便赋予了该空间功能。好的家具设计和布置形式，能够反映空间的功能，给予空间一定的环境品格，从而表达使用者的文化、爱好、情趣等。一个毛坯房的平面图（图1–2），看不出各个空间的功能，但是在摆放家具后（图1–3），立刻显示出各个空间的生命力。

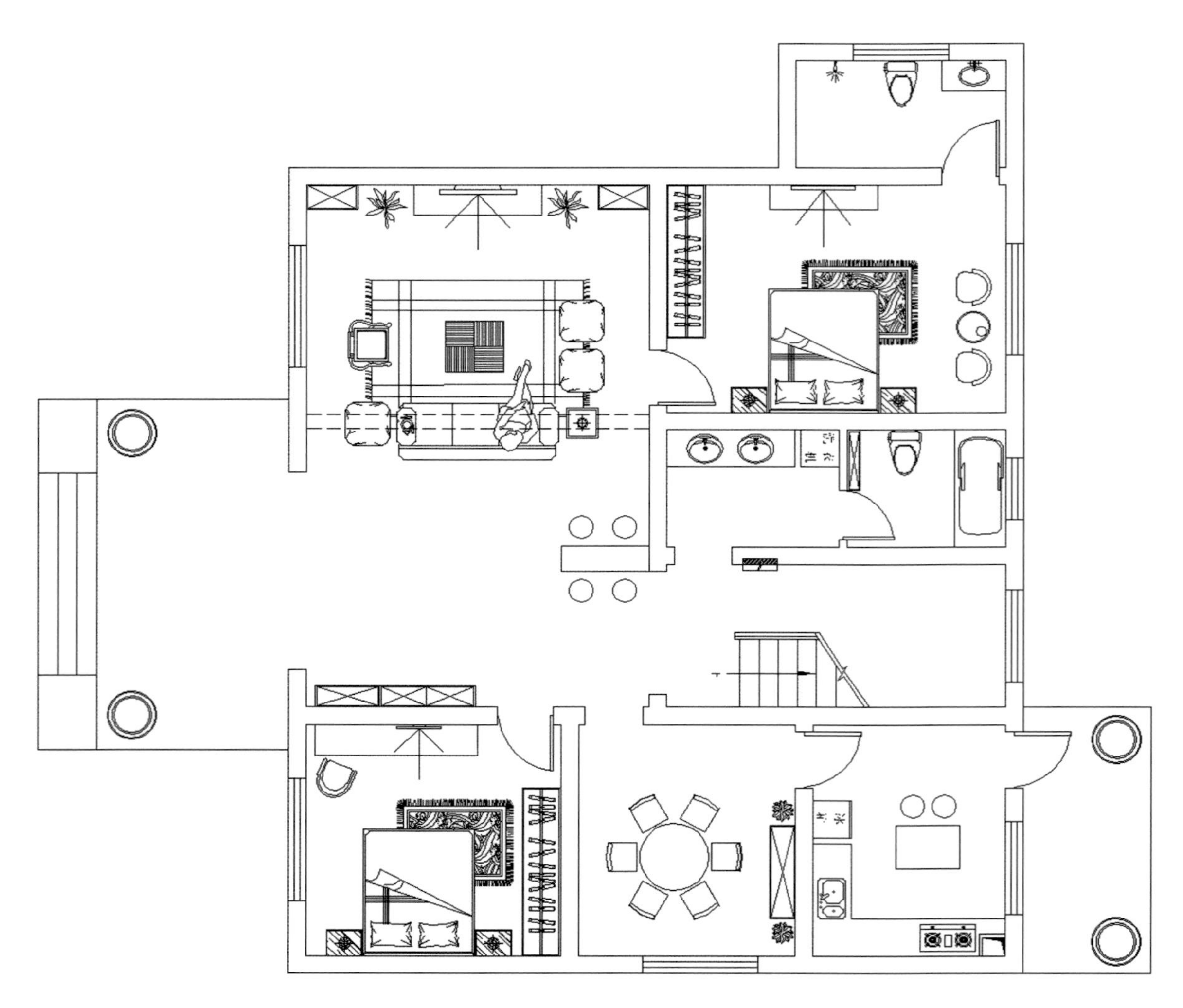

图1–3　家具定义空间

2. 分隔空间，组织空间

为了提高空间的使用率，增强室内空间的灵活性，常用家具作为隔断，将室内空间划分为特定功能的若干个空间。（图1-4、图1-5）

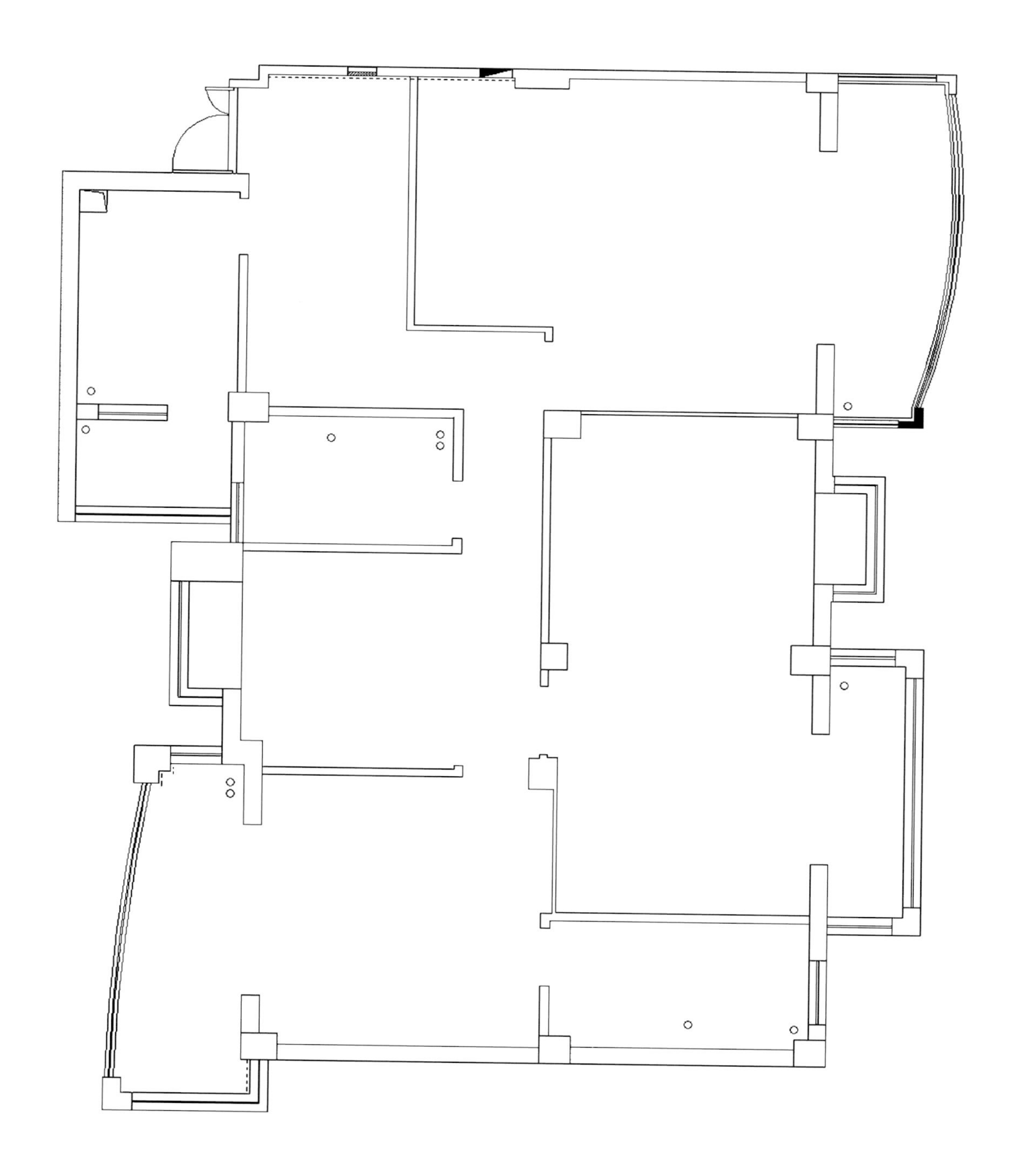

图1-4　原始结构图2

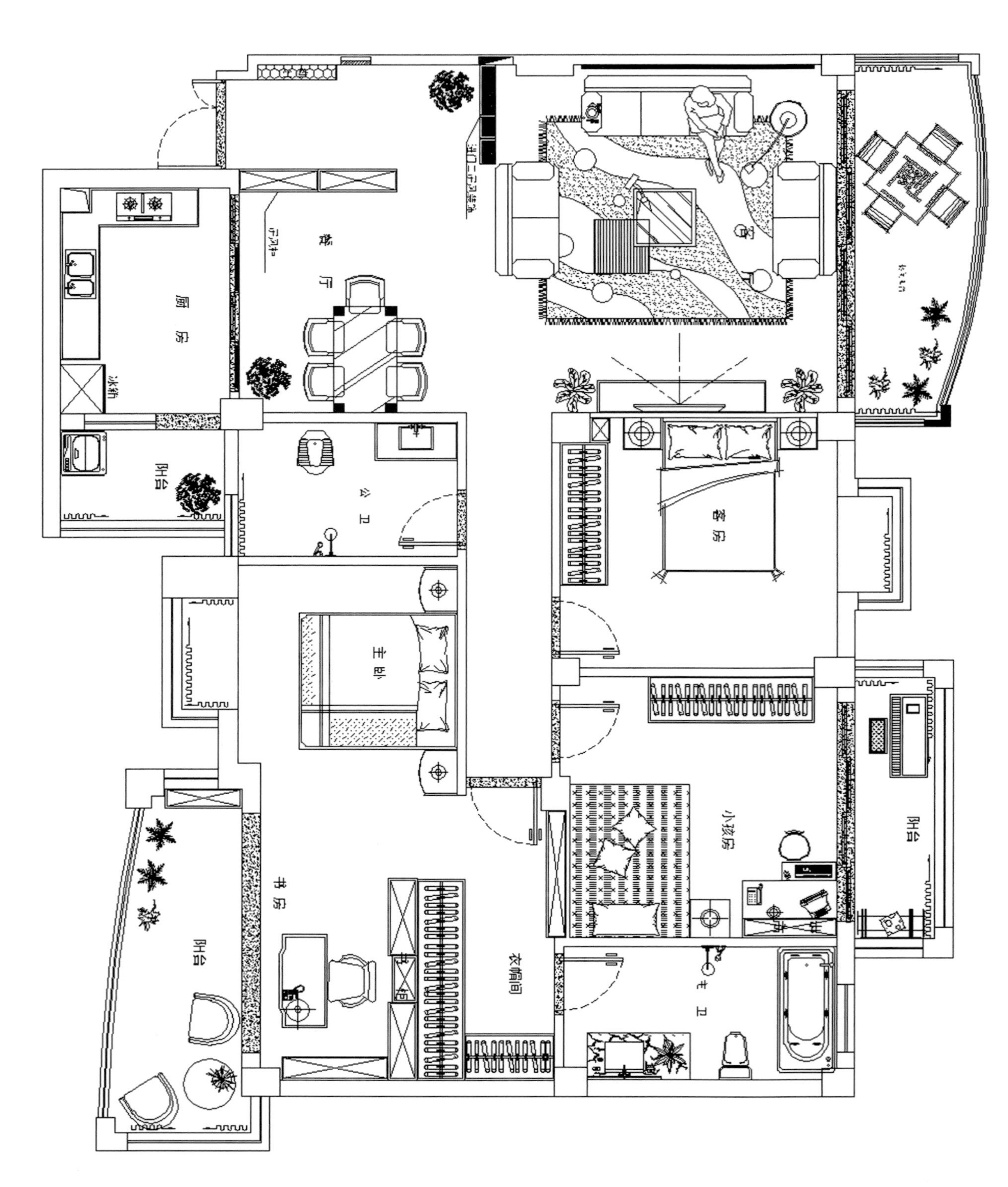

图1-5　家具分隔空间

3. 创造情调，渲染气氛

类似于美术作品的线条，家具也是有语言的，家具的语言有家具的风格、色彩、材质、线条、造型、尺寸等。利用家具的语言，表达一种思想，一种风格，一种情调，从而造成一种氛围，以适应某种要求和目的。例如，在室内布置一些户外元素的家具，可以营造田园的感觉；布置一些复古的家具，可以营造怀旧的氛围。（图1-6）

图1-6　家具营造氛围

三、家具设计发展史

家具的历史和人类的发展史同样悠久，广泛意义上的家具可以追溯到人类穴居生活，甚至可以说家具是不同时代人们生活方式的载体。纵观整个家具发展史，以工业革命为界，可以分为两大部分：工业革命以前家具以手工艺生产为主，设计主要为权贵服务；工业革命之后的家具以机械化大批量生产为主，设计为大众服务。从设计理念上来看，前者是传统家具，后者是现代家具。

（一）西方传统家具

1. 古埃及家具

西方古代家具的设计史从埃及开始，由于历史悠久，遗留的实物很少，只能在陵墓和神庙的壁画和陪葬品中找到家具的记录。在古埃及第十八王朝法老的陵墓中发现了十分精美的床、椅子和箱子等家具。椅子上有装饰图案，从几何图形到风景应有尽有，也有的采用镀金和贴金箔装饰。在古埃及，椅子就是财富、权威的象征。大部分家具同当时的建筑一样，都具有安定、庄重、威严华贵的特征。（图1-7）

图1-7　古埃及家具

古埃及家具的特点：

（1）形象端庄。在形象上，大多将家具的腿雕刻成牛蹄、马脚和狮爪状。

（2）取材奢侈。在材料上，古埃及家具的用材多为硬木，也有用芦苇编织小桌子和装饰台，用皮革、灯芯草和炎麻绳做叠凳、椅和床的蒙台料。但是埃及地处沙漠地区，木材匮乏，需要进口大量珍贵的木材，如乌木、橄榄树木、无花果木、象牙、雪松等。

（3）富有装饰性。在装饰手法上，常常采用浅浮雕装饰，多为豪华的金银、象牙、宝石镶嵌。其装饰图案的风格大多采用工整严肃的木刻狮子、行走兽蹄形腿、鹰、柱头和植物图案等。

（4）工艺性强。古埃及时期工艺技术已很高，有六种加工技术：槌打和熔铸术、装饰加上工术、金箔制造术、包金术、着色法、镶嵌法。最擅长贴金箔技术，先涂动物油和丝柏的灰泥，再涂上动物胶和树脂胶，最后贴上金箔。

（5）功能性强。随着社会的发展，古埃及家具到后期王朝时期，家具使用的功能性开始增强。在古埃及，夫妻一般不同床就寝，所以床板一般较窄，为了利于呼吸一般将床头的高度设计得高于床尾，并且放置头架。

2. 古希腊家具

古希腊家具的种类主要有桌、椅、凳、床、长榻等。古希腊人生活方式受到中东的影响，日常起居中，他们也经常是斜倚在榻上的。古希腊家具的造型特征最能反映古希腊人对形式美的追求，古典时代的希腊家具设计中，摒弃了古埃及造型中的刻板与亚述、波斯的大尺度及装饰上的冗余琐碎。

古希腊家具的特点：

（1）造型简洁。古希腊家具简单朴素，比例优美，充分显示出希腊人“唯理主义”的审美观念。体现了古希腊人自由民主的生活方式，重视家具的形式美，以优美的线条、适宜的比例和简洁形体为特征。（图1-8）

（2）符合人体工程学。根据人体曲线而设计的家具形态尺度宜人，良好的力学结构和受力状态让人们使用起来舒适。

（3）富有装饰性。家具腿部经常以建筑柱式造型，以曲线构成椅腿和椅背，常以蓝色做底色，表面彩绘忍冬草、月桂、葡萄等纹样，并用象牙、玳瑁、金银等做镶嵌。

3. 古罗马家具

古罗马家具设计艺术从希腊家具文化艺术基础上发展而来，并使罗马帝国的经济、文化和艺术都得到了空前的繁荣和发展。与古希腊文化追求完美的次序不同，古罗马更注重于世俗生活，并参与世俗生活，创造物质文化和生产技术，它是古希腊文化的继承者和发扬者，将古希腊提出的诸多想像和理论付诸实践。古希腊晚期的建筑与家具成就由古罗马充分继承，古罗马人把它向前大大推进，达到了奴隶制时代建筑与家具艺术的巅峰。

古罗马家具的特点：

（1）古罗马家具材料变得丰富，有名贵木材、青铜、石材、大理石等，还有藤条编织和纤维制品。

（2）装饰上延续古希腊的风格。古罗马的家具装饰也经常采用建筑装饰题材，青铜家具的表面常用敲花细工的浮雕装饰手法，采用雄狮、半狮半鹫的怪兽、人像或叶形等装饰纹样，或以名贵木材、金属做贴面和镶嵌装饰。

（3）在形象上，家具的腿脚运用动物足，还经常采用带有翅膀的鹰头脚身形象。（图1–9）

4. 拜占庭家具

拜占庭时期的家具实物保存下来的很少，我们只能通过照片、手稿上描绘的装饰物、象牙、壁画和镶嵌画等资料来了解。古典家具中优雅、灵巧的雕刻形式被笨重的静态形式所取代，以便与拜占庭宫殿和豪宅的帝王风格呼应起来。皇宫里的家具特别豪华。拜占庭风格以精致的象牙浮雕著名，长久流行的古典折叠和X式的皮座椅和凳子被保存下来，具有简单框架结构的凳子当时已经被制作出来，有些镟木腿制作极其精致。

拜占庭家具的风格特点：

（1）拜占庭家具继承了罗马家具的形式，并融合西亚的艺术风格，趋于更多的装饰，雕刻、镶嵌最为多见，有的则通体以浮雕。装饰手法常模仿罗马建筑上的拱券形式，节奏感很强。镶嵌常用象牙、金银，偶尔也用宝石。象牙雕刻堪称一绝，如取材于《圣经》的象牙镶嵌小箱，采用木材作为主体材料，并用金、银、象牙镶嵌装饰表面。

（2）拜占庭帝国以古罗马的贵族生活方式和文化为基础，拜占庭式的家具和室内装饰都追求豪华，风格甚为华美，拜占庭帝国家具的装饰基本形式上继承了希腊后期的风格。古希腊文化的精美艺术和东方宫廷的华丽表现形式为一体，形成了独特的拜占庭艺术。拜占庭家具风格出现

图1–8 古希腊床 印尼桃花心木

图1–9 古罗马家具，显示威武、奢华的霸气

图1-10　拜占庭家具

于11—12世纪，家具装饰图案也吸收了东方风格。家具仅限衣箱、桌和柜、大柜和床，其所有权归教堂和贵族，一般平民的生活状况与古代埃及相似。

（3）拜占庭风格以精致的象牙浮雕著名。象牙嵌入许多物品中，如衣柜、小箱、圣骨箱甚至门上。（图1-10）

5. 仿罗马式家具

仿罗马式是罗马文化与民间艺术相融合，并受封建宗教思想影响而产生的一种艺术形式。它是罗马建筑风格的再现，兴起于11世纪，并传播到英、法、德和西班牙等国，为11—13世纪的西欧所流行。仿罗马家具是仿罗马建筑的缩写，主要标志是采用仿罗马建筑的连环拱廊作为家具的构件和表面装饰。其次是旋木技术的应用，座椅的腿、扶手、靠背等部位采用旋木制成。橱柜是当时家具中较重要的一个种类，形体较小，顶端多呈尖顶形式，边角处多用金件或铁皮加固，同时又起到装饰作用。这一点为以后的家具装饰开辟了新的思路。（图1-11）

图1-11　仿罗马式家具

6. 哥特式家具

14世纪后，哥特式建筑上的装饰纹样开始被应用于家具，框架镶板式结构代替了用厚木板钉接箱柜的老方法。出现了诸如高脚餐具柜和箱形座椅等新的品种。哥特式家具主要有靠背椅、座椅、大型床柜、小桌、箱柜等家具，每件家具都庄重、雄伟，象征着权势及威严，布满层次丰富和精巧细致的雕刻装饰，常用于酒店或别墅家具装饰。哥特式家具是人类彻底的、自发的对结构美追求的结果，它是一个完整、伟大而又原始的艺术体系。哥特式家具就如哥特式教堂一样，具有很强的象征意义。

哥特式家具的特点：

（1）造型上：哥特式家具庄重、雄伟，象征着权势和威严，极富特色。

（2）装饰上：家具造型以垂直线条强调垂直庄重的形态，采用尖顶、尖拱、卷叶拱及浮雕等装饰，给人以刚直、挺拔、严谨的感受。哥特式家具的主要成就在于其精致的浮雕、透雕、平雕相结合的装饰图案及其所具有的寓意感和神秘感。

（3）材料上：主要使用榆木、山毛榉和橡木，同时使用的还有金属、象牙、金粉、银丝、宝石、大理石、玻璃等材料。其雕刻装饰以植物叶饰为主，所选用的图案多为自然界的植物，包括枫树叶、葡萄叶、香菜、水芹叶、玫瑰花形、名人肖像、折叠亚麻布图案和建筑中的窗花图案等。（图1-12）

图1-12　哥特式家具

7. 文艺复兴式家具

文艺复兴是指14—16世纪，由于欧洲新兴资产阶级的发展，发生的一场复兴古希腊、古罗马文化的运动，以反对封建思想意识和反对基督神为主要内容。这种思潮在一定程度上使家具风格也发生了变化。

文艺复兴式家具的特点：

（1）外形厚重端庄，线条简洁严谨，立面比例和谐匀称，采用古典建筑装饰，家具造型规范，注重实用性，体现传统的设计风格。文艺复兴早期的家具作品重视线条的优美以及比例的匀称，装饰中运用雕刻技术。文艺复兴晚期，家具设计的风格极大地受到建筑风格的影响。其中，米开朗琪罗是主要的代表人物之一，他将雕刻艺术运用于家具表面的装饰，选择一些惟妙惟肖的人体造型。文艺复兴晚期家具艺术的表现形式是丰富多彩的，但手法却过于华丽。同时注意材料的节省，家具种类少，形式朴实，大多选用传统的卵形、箭形或连接环的雕刻形式。总的说来，早期装饰比较简练单纯，后期渐趋华丽优美。此外，不同的国家也都有各自的特点。工匠们用这一技术镶嵌了精致的图画，如建筑、逼真的废墟、教堂、人物和动物或者其他生产场景，这些图案用来装饰桌面、箱子和橱柜的前面。在早期细木工镶嵌工艺中，图案是靠一片片地嵌入板材的表面凹陷部分的。随着工匠们手艺的娴熟，人们使用薄板刻制图案，采用胶粘的方式，使细木工镶嵌工艺显得干净利落，更为精美。彩石镶嵌是16世纪从意大利引进的另一项技术，采用的材料是高亮度的大理石、卵石和其他石头中的青金石。由于商人诸侯之间越来越奢侈并且互相攀比，各种各样的材料几乎都被采用到橱柜和箱子的制作上。象牙成为一种浅浮雕的材料，铜、银、珍珠和玳瑁也用作镶嵌材料。

（2）16世纪用铁作装饰的丰富多彩的木箱达到了一个高峰。在意大利和德国产生了用铁、钢和铜为材料来铸造装饰附件。这种装饰附件用酸腐蚀，形成特殊的金属镶嵌装饰的效果。高度复杂的制锁工艺也使这些有盖木箱成为艺术品。（图1-13）

8. 巴洛克式家具

巴洛克艺术是指从16世纪末到18世纪中叶在西欧流行的艺术风格，最初产生于意大利。但巴洛克家具风格的形成却是在1620年间，首先在荷兰拉开了帷幕，紧接着是法、英、德等国家受巴洛克风格的影响，相继进入了巴洛克时代。特别是法国路易十四时期的巴洛克家具最负盛名，成为巴洛克家具风格的典范。文艺复兴时期，家具的风格都为建筑风格的缩形，尽管文艺复兴时期已经以“人性”主张作为艺术设计的原则，但真正为了生活功能需要而作为设计原则的应首推巴洛克风格。巴洛克家具摒弃了对建筑装饰的直接模仿，舍弃了将家具表面分割成许多小框架的方法以及复杂、华丽的表面装饰，而是将富有表现力的细部相对集中，简化不必要的部分而改成重点区分，加强整体装饰的和谐效果，彻底摆脱了家具设计一向从属于建筑设计的局面，这是家具设计上的一次飞跃。巴洛克风格以浪漫主义作为形式设计的出发点，一反古典主义的严肃、拘谨、偏重于理性的形式，运用多变的曲面及线形，追求宏伟、生动、热情、奔放的艺术效果，赋予了更为亲切和柔性的效果，而摒弃了古典主义造型艺术上的刚劲、挺拔、肃穆、古板的遗风。文艺复兴时代的艺术风格是理智的，从严肃端正的表面装饰上，除了精致的雕刻之外，金箔贴面、描金填彩涂漆以及细腻的薄木拼花装饰亦很盛行，以达到金碧辉煌的艺术效果。

雄伟、带有夸张的、厚重的古典形式，雅致优美重于舒适，虽然用了垫子，采用直线和一些圆弧形曲线相结合和矩形、对称结构的特征，采用橡木、核桃木等，家具下部有斜撑，结构牢固，直到后期才取消横档；既有雕刻和镶嵌细工，又有镀金或部分镀金或银、镶嵌、涂漆、绘画，在这个时期的发展过程中，原为直腿变为曲线腿，桌面为大理石和嵌石细工，高靠背椅，靠墙布置的带有精心雕刻的下部斜撑的蜗形腿狭台；装饰图案包括嵌有宝石的旭日形饰针，围绕头部有射线，森林之神的假面，“C”“S”形曲线，海豚、人面狮身、狮头和爪，公羊头或龟、橄榄叶、菱形花、水果、蝴蝶、矮棕榈和睡莲叶不规则分散布置及人类寓言、古代武器等。

图1-13　文艺复兴式家具

巴洛克式家具的特点：

（1）豪华，既有宗教特色又有享乐主义的色彩；

（2）它是一种激情艺术，它打破理性的宁静和谐，具有浓郁的浪漫主义色彩；

（3）它极力主导运动，运动与变化可以说是巴洛克艺术的灵魂；

（4）它很关注作品的空间感和立体感；

（5）综合性，巴洛克艺术强调形式的综合手段，例如在建筑上重视建筑与雕刻、绘画的综合，此外，巴洛克艺术也吸收了文学、戏剧、音乐等领域里的一些因素和想像；

（6）有着浓重的宗教色彩，宗教题材在其

中占有主导的地位；

（7）大多数巴洛克艺术家有远离生活和时代的倾向，在一些天顶画中，人的形象变得微不足道。（图1–14）

图1–14　巴洛克风格家具

9. 洛可可风格家具

洛可可风格家具于18世纪30年代逐渐代替了巴洛克风格。由于这种新兴风格成长在法王路易十五统治的时代，故又可称为“路易十五风格”。

洛可可家具的最大成就是在巴洛克家具的基础上进一步将优美的艺术造型与功能的舒适效果巧妙地结合在一起，形成完美的工艺作品。特别值得一提的是家具的形式和室内陈设、室内墙壁的装饰完全一致，形成一个完整的室内设计的新概念。通常以优美的曲线框架，配以织锦缎，并用珍木贴片、表面镀金装饰，使得这时期的家具，不仅在视觉上形成极端华贵的整体感觉，而且在实用和装饰效果的配合上也达到了空前完美的程度。

洛可可家具从其装饰形式的新思想出发，特点是把截为弧形发展到平面的拱形。圆角、斜棱和富于想像力的细线纹饰使得家具显得不笨重。各个部分摆脱了历来遵循的结构划分而结合成装饰生动的整体。呆板的栏杆柱式桌腿演变成了“牝鹿腿”。面板上镶嵌了镀金的铜件以及用不同颜色的上等木料加工而成的雕饰，如槭木、桃花心木、乌檀木和花梨木等等。伴随着路易十五时代的终结，这种有史以来最华丽、最风行的家具风格才告结束。洛可可风格反映了法国路易十五时代宫廷贵族的生活趣味，曾风靡欧洲。（图1–15）

图1–15 洛可可风格家具

10. 新古典家具

作为欧洲古典主义文艺思潮的反映，新古典风格兴起并取代了洛可可风格。新古典主义兴起的原因，是大众厌倦了洛可可时期过度虚饰的奢华，进而重新追寻纯粹与简洁的艺术形式，所以呈现出来的线条及纹饰就远比巴洛克及洛可可时期来的简单而无虚饰。新古典家具在市场中的表现就是“新”，不是复古而怀旧的市场再现，是新的形体与经典神韵透过现代化设计制造出来的。新古典主义家具则摒弃了始于洛可可风格时期的繁复装饰，追求简洁自然之美的同时保留欧式家具的线条轮廓特征。

新古典家具的特点：

形散神聚是新古典的主要特点。在注重装饰效果的同时，用现代的手法和材质还原古典气质，新古典具备了古典与现代的双重审美效果，完美的结合也让人们在享受物质文明的同时得到了精神上的慰藉。

（1）讲求古典的风格，但不是纯粹的模拟，而是追求神似。

（2）用简化的手法、现代的材料和加工技术去追求传统式样的大致轮廓特点。

（3）白色、金色、黄色、暗红色是欧式风格中常见的主色调，少量白色糅合，使色彩看起来明亮。（图1–16）

图1–16 新古典风格家具

（二）中国传统家具

中国家具经历了漫长的发展历程。由于我国地域辽阔，资源丰富，历史悠久，又受到民族特点、风俗习惯、地理气候、制作技巧、社会组织、宗教思想等的影响，中国家具的发展走着与西方家具迥然不同的道路，具有独特的哲学观念和造型表现，在整个家具史上独树一帜，建立起一种相对独立的典型家具式样，形成了一种工艺精湛、风格独特的东方家具体系。中国家具基本可以分为两个风格，矮家具和高家具两种。整个家具的发展过程就是人们生活方式由“席地跪坐”到“垂足而坐”一个长期演化的过程，确切地分可分为三个阶段：第一阶段为从商周至秦汉时期的矮型家具，第二阶段为魏晋南北朝至隋唐五代时期的过渡型家具，第三阶段为宋元时期的高型家具。直至明朝，中国家具达到鼎盛时期。

1. 商、周时期的家具

中国的传统家具可以追溯至距今3000多年前的商朝。当时已经出现了房舍，由于那时建筑低矮，室内空间狭小，人们在室内就地铺席并跪坐在席上。席是指供人们坐卧铺垫的编织用具，它可以被认为是我国最早的家具之一。

在周朝，手工业得到了很大的发展，家具种类也变得更加丰富。商、周时期家具主要有席、俎、禁和扆。席是人们为了避免潮湿与寒冷，用茅草、树叶、树皮和兽皮作为坐卧之具。席在很长一段时间里，兼作坐具与卧具，可谓床塌之始祖。无论是贵族还是平民，在招待宾客时都要设席，而且席与筵经常同时使用，为了有所区别，人们把铺在下面的大席称为筵，放在筵上的称为席。俎是古时的一种礼器，为祭祀时之用具。俎为后世的桌、案、几、椅、凳等家具奠定了基础，可谓桌案类家具之始祖。禁是商、周时期的礼器，是放置供品和器具的台子，类似于现代的箱子。扆是天子专用的屏风，象征着地位和权力。

与跪坐的生活习惯相适应，商周家具高度都很矮，便于人们席地而坐时使用。家具多由青铜制成，在表面饰有饕餮纹、云雷纹、龙凤纹等，具有狰狞神秘的艺术风格，并带有浓厚的宗教色彩。西周漆器工艺技术步入成熟，出土的家具表明那时的家具已经开始采用镶嵌螺钿材料做装饰。

商周家具的主要特点有：

（1）家具等级森严，家具的形制、材料、色彩、纹样，都有严格的等级制度；

（2）装饰纹样神秘，多用多用饕餮纹、夔纹、蝉纹和云雷纹等；

（3）开始镶嵌贝壳作为家具装饰，是我国螺钿家具的始祖。（图1-17）

2. 春秋战国时期的家具

春秋战国时期的家具以楚式漆木家具为典型代表，成为我国漆木家具体系的主要源头。这个时期的家具品种虽不丰富，但是以后出现的坐卧类家具、支撑类家具、储藏类家具、陈设类家具在这时都已初具规模。春秋、战国时期，漆木家具处于发展时期，青铜家具也有了很大的进步。家具的种类包括坦、案、几、床、衣箱等。几是古代人们坐时凭椅的家具，几的使用既象征着等级尊卑又表示对老人的尊重。案是春秋战国时的新兴家具，尤其漆案非常流行。案的制作材料包括陶、木、铜等，面板有正方形、长方形、圆形等多种形式。木案的局部开始有铜扣件做装饰，在制作工艺上，比以前有了很大的进步。

图1-17　商朝时期家具

这个时期家具的主要特色表现在以下几个方面：

（1）家具上装饰有探漆和绘漆；

（2）用浮雕和透雕的手法装饰家具，开创了雕花家具的历史新篇；

（3）装饰功能和观赏价值兼有；

（4）采用了各种榫接方法，结合牢固，外形美观，经历代不断改进、发展，形成中国传统家具的主要特征，并沿用至今；

（5）色彩绚丽，图案充满神奇色彩，以龙凤云鸟纹为主题，充满着浓厚的巫术色彩。（图1-18）

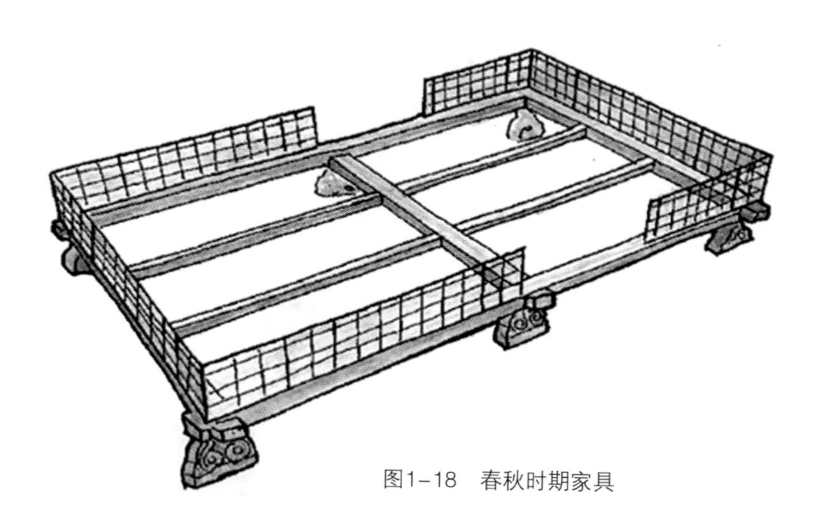

图1-18　春秋时期家具

3. 秦汉时期家具

秦始皇灭六国后，建立了封建的中央集权国家，使得秦朝的家具技术大大提高，建筑体积的庞大也促进了家具的发展。

汉代经济的繁荣对人们的生活产生了巨大影响，家具发展也进入一个高峰时期，品种以漆木家具、竹制家具、玉制家具和陶制家具为代表，形成了供席地起居、组合形式完整的家具系列，可视为中国低矮型家具的代表时期。在继承战国漆饰的基础上，秦汉漆木家具进入全盛时期，不仅数大、种类多，而且装饰工艺也有较大的发展，除继承战国彩绘和锥画装饰方法外，以席地而坐的起居方式产生的床和榻是汉代人的主要家具，使用非常广泛。汉时的床体较大，有的床前设几案，供日常起居与接见宾客。床的后面和侧面多设有屏风，床上有幢帐，体现了当时依附以床为中心的生活方式。汉时流行的榻，体小轻便，有独坐和连坐之分。几案在汉时合二为一，面板逐渐加宽，既能置放物品，又可供凭倚。当时还出现了胡床并盛行，胡床是西北游牧民族的一种可折叠的轻便坐具，坐时垂足。因此席地而坐演进为垂足而坐，这是家具史上的一大变革。汉代家具形式相当完备，有些样式为后世所沿袭，影响深远。

图1-19　秦汉时期家具

秦汉家具的主要特点有：装饰图案逐渐走向程式化，色彩华丽，并且善用镶嵌工艺。（图1-19）

4. 魏晋南北朝时期的家具

东汉末年，政局动荡，社会长期处于分裂状态，混乱局面持续300多年，人们深受战争的痛苦，精神压抑。这个时期是我国历史上汉族与西北少数民族大融合的时期，也是佛教充分发展的时期。虽然人们席地而坐的生活习惯尚未改变，但是由少数民族传入了多种高型家具，同时天竺佛国的高型家具也随之进入汉地，如椅子、方凳、细腰圆凳、墩等。椅子的称谓最早始于唐代，但是在南北朝时期已经出现了椅子的形象。新出现的家具主要有扶手椅、束腰圆凳、方凳、圆案、长杌、橱等竹藤家具。坐类家具品种增多，反映了垂足而坐已逐渐推广，促进了家具向高型发展。从此期壁画中可见床明显增高，可以跂床垂足，并有床顶、床罩、床帐。家具的脚型有直脚、弯脚。须弥座的造型结构被引入家具之中，成为新式家具的支撑构件。

图1-20　魏晋南北朝时期家具

漆家具仍是高档家具的主流，并出现了斑

漆、绿沉漆、漆画和金银参镂带等装饰技艺。斑漆现在称斑纹变涂，是用几种颜色交混使用而产生的斑纹或单色漆显示出浅色不同的斑纹。用带状的薄金银片，经过加工雕刻成纹样，再嵌在家具上，使其装饰更加富丽堂皇。这时期已经运用了七宝镶嵌、金银镶嵌、绿沉漆髹饰等多种结合的工艺。（图1–20）

5. 隋唐时期的家具

中国家具发展至唐代进入了一个崭新的时期。它一改六朝前家具的古拙特色，形成流畅柔美、雍容华贵的唐式家具风格。隋唐时期，人们的起居习惯还很不一致，席地而坐、在床榻上伸足而坐、侧身斜坐、盘足而坐、垂足而坐，同时存在，但总体趋势是垂足而坐的习惯开始由上流社会向普通大众普及。垂足而坐使得与之相适应的高型桌椅流行起来。当时的高型家具有桌、案、长凳、宽大的床等，此外还出现了圈椅、扶手椅等，家具种类齐全并出现配套组合的现象，如月牙凳（又称腰凳）是唐代家具师的伟大创作，它的座面呈月牙形，三足或四足，足部向外鼓，座面下边缘与足腿雕刻有精美的花纹，有的甚至包金贴银，是唐代京丽华贵的国风的代表。唐代出现了圈椅的样式，圈椅的特征是搭脑演变成圈式，搭脑到扶手是一条流畅的曲线，浑然一体，这也是唐代的新型家具。唐后的五代仍是高型家具与矮型家具并存的过渡时期，但高型家具已占主导地位，如从顾闳中的《韩熙载夜宴图》中。我们可以看见可坐5～6人的凹形床，各种家具种类达数十种之多，画中桌椅的高度与人体垂足而坐相适应。当时的家具式样由唐代的厚重变为简洁、朴素大方，结构上采用中国建筑结构的抬梁木结构的方式，纹样除莲花纹外，还有火焰纹、流苏纹等，构图饱满，风格统一。

（1）造型方面。造型上，唐代家具以浑厚圆润、大弧度外向的曲线为主要特点，开始面向自然和生活，出现了以花草树木为主体的纹样形式，体现出浓厚的生活情趣。

（2）装饰工艺多样化。唐代的手工业和工艺美术十分发达，织锦、印染、陶瓷、金银器、漆器、木工等，都进入全面繁荣的时期。唐代的螺钿镶嵌、木画、漆绘、镂空等技术的运用更丰富了家具的艺术表现力，产生了富丽堂皇的效果，增强了家具的艺术感染力。唐代家具的装饰形式还有金银绘、密陀僧绘、平脱等。

6. 宋元时期家具

宋元时期是中国家具承前启后的重要发展时期。垂足而坐的生活方式终于取代了商、周以来跪坐的习惯，因此家具尺度相应地增加了并出现了新的品种，如圆形和方形的高几、琴桌。首先是垂足而坐的椅、凳等高脚坐具已普及民间，结束了几千年来席地而坐的习俗；其次是确立了以框架结构为基本形式的家具结构；再次是家具在室内的布置有了一定的格局。宋元家具在继承和探索中逐渐形成了自己的风格，以造型淳朴纤秀、结构合理精细为主要特征。

这一时期家具的主要特点是：

（1）高型家具品种齐备，完成了垂足而坐的起居革命，同类家具还衍生出不同款式。

（2）造型挺秀，装饰简洁，取局部装饰，求其画龙点睛的效果。

（3）在结构上，梁柱式的框架结构取代了隋唐时期的箱形壶门结构，使得家具受力体系更为合理；构件之间大多采用榫卯结合，重视外形尺寸和结构与人体的关系。（图1-21）

图1-21　宋代家具

7. 明代家具

明代家具在继承宋元家具传统的基础上，推陈出新，不仅种类齐全，款式繁多，而且用材考究，造型朴实大方，制作严谨准确，结构合理规范，逐渐形成稳定鲜明的明代家具风格，被称为明式家具。明代家具以其简洁、素雅等特点在世界家具史上占有重要的地位，成为后人所认可的中国传统风格中的精华之作。

明代家具的主要特点：

（1）造型简练，以线为主。明代的家具其局部与局部的比例、装饰与整体形态的比例，都极为匀称而协调。并且与功能要求极相符合，没有多余的累赘，整体感觉就是线的组合，其各个部件的线条，均呈挺拔秀丽之势，表现出简练、质朴、典雅、大方之美。通体轮廓讲求方中有圆、圆中有方，整体线条一气呵成，在细微处有适宜的曲折变化。明式家具注重委婉含蓄，干净简朴之曲线，若有若无、若虚若实，给人留下广阔的想像空间，体现了虚无空灵的禅意。明式家具在选材时追求天然美，凡纹理清晰、美观的“美材”，总是被放在家具的显著部位，并常呈对称状，巧妙地运用木材天生的色泽和纹理之美，而不做过多的雕琢，在不影响整体效果的前提下，只在局部作小面积的雕饰，这与现代人返璞归真的审美时尚是完全契合的。

（2）结构严谨，做工精细。明代家具的榫卯结构，极富有科学性。不用钉子少用，不受自然条件的潮湿或干燥的影响，制作上采用攒边等做法。在跨度较大的局部之间，镶以不同的装饰结构，既美观又加强了牢固性。明代家具的结构设计，是科学和艺术的完美结合。时至今日，经过几百年的变迁，家具仍然牢固如初，可见明代家具的榫卯结构，有很高的科学性。

（3）装饰适度，繁简相宜。明代家具的装饰手法是多种多样的，雕、镂、嵌、描都为所用。装饰用材也很广泛，有珐琅、螺钿、竹、牙、玉、石等。装饰以素面为主，局部饰以小面积漆雕或透雕，以繁衬简，朴素而不简陋，精美而不繁。家具虽然已经施以装饰，但是整体看，仍不失朴素与清秀的本色，可谓适宜得体、锦上添花。金属饰件式样玲珑，色泽柔和，起到很好的装饰作用。

（4）木材坚硬，纹理优美。明式家具主要使用紫檀木、花梨木等进口硬木，充分利用木材优美的纹理，发挥硬木材料本身的自然美。这些硬木色泽柔和、纹理清晰坚硬而又富有弹性。所以明式家具很少施用漆，仅仅擦上透明蜡即可以充分显示木材本身的质感和自然美。

（5）文人参与设计。明代的家具设计出现了分工，大部分的家具都是由文人雅士设计，而后将手稿交给工匠，由工匠制作完成。这些文人雅士往往把自己的生活体验、奇思妙想融入设计中，形成了明代家具独有的意境美。（图1-22）

图1-22　明代家具

图1-23　清代家具

8. 清代家具

清代前期，社会稳定，一片繁荣，为家具发展提供了良好的条件。清代继续延续了明代家具的风格，但是到了中后期，家具风格开始转变，与社会的奢靡之风相匹配，家具的装饰越来越繁缛。清朝家具在形态、材料、工艺手段等多个方面形成了其独特之处。

清代家具的主要特点：

（1）造型厚重，形式繁多。清式家具在造型上比较厚重，家具的总体尺寸比明式大。清式家具的样式也比明朝繁多。清代新兴的太师椅，造型非常稳定，气势浑厚，这是清式家具的典型代表。

（2）结构精良，选料精细。清式家具在结构上承袭了明式家具的榫卯结构，技艺精良，一丝不苟。家具的主料木材，选料极为精细，表里如一，无节、无伤，完整得无一瑕疵。

（3）装饰丰富，用材广泛。清式家具装饰颇为华丽，充分应用了雕、嵌、描、堆等工艺手段。雕、嵌、彩绘是清式家具的主要装饰手法，又发展了螺钿嵌，产生了珐琅嵌和瓷嵌等工艺。清式家具的装饰上采取了多种材料并用，多种工艺结合，同时家具构件常兼有装饰作用，构成了它自己的特点，是历代所不能比拟的，中国的古典家具渗透了中国劳动人民的理念和审美意识，在世界家具史上有重要的地位。（图1-23）

（三）现代家具

1. 工艺美术运动时期的家具设计

现代家具设计起源于英国的工艺美术运动，由理论指导约翰·拉斯金发起，实践人物为威廉·莫里斯。工艺美术之前的家具主要分为两种：一种是为权贵设计的手工艺家具；另一种为粗制滥造的工业化家具。

工艺美术运动期间的作品风格：

（1）强调家具要由手工制作，反对机械化大批量生产。

（2）在装饰上反对矫揉造作的维多利亚风格。

（3）提倡哥特式风格和其他中世纪风格，讲究简单、朴实、风格良好。

（4）提倡自然主义风格和东方风格。（图1-24、图1-25）

图1-24　工艺美术运动时期家具1

图1-25　工艺美术运动时期家具2

图1-26　新艺术运动时期家具

图1-27　装饰艺术运动时期家具

2. 新艺术运动时期的家具设计

新艺术运动开始于19世纪80年代，它们在形式设计上的口号是“回归自然”。

（1）造型上采用自然曲线。新艺术时期的家具设计主要采用曲线造型，曲线来源于东方的纹样和部分的动植物符号，避免采用直线，南溪（Nancy）学派的领头人盖勒设计的著名的装饰框就是典型的新艺术家具设计作品。（图1-26）

（2）把家具设计与建筑设计融为一体。新艺术运动时期的设计师们将家具设计与建筑设计统为一个空间进行设计，使其成为一个完整的空间。西班牙建筑设计师安东尼·高迪设计的家具都是为某一建筑形制而设计。

（3）注重艺术与技术结合。反对家具产品功能的纯装饰主义和纯艺术主义，肯定机械生产的生产方式，提出功能第一的现代设计原则。家具设计中很好地处理了装饰与功能的关系，体现了从单一的自然主义走向面向现代生活的现代设计意识。盖勒提出家具设计主题要与产品功能相吻合的思想，他设计的家具大多具有较好的使用功能。

（4）将设计理念转向大众的日常生活需求，并从日常生活需求的指向中接受批量化生产，提倡设计与现代设计理性价值的结合。开始把为普通大众设计合理的，能够批量生产家具作为新的设计认识论、方法论和价值论。

3. 装饰艺术运动时期的家具设计

装饰艺术运动中，家具设计师们把家具造型简练与装饰豪华融为一体。在外形上通常是比较简单的几何外型；在用材方面，往往采用贵重的材料，大量昂贵的进口硬木，特别是紫檀木；在装饰方面，采用豪华的装饰纹样和装饰材质，包括青铜、象牙、动物皮革等进行镶嵌，使家具显得豪华和富贵。通过精细的表面处理来传达某些传统图案的应用。（图1-27）

图1-28　现代主义时期家具1

4. 现代主义时期的家具设计

马歇尔·托马斯·布劳耶设计的“瓦西里椅”，因第一次应用新材料弯曲钢管做民用家具而名垂史册。布劳耶认为，只有通过简洁手法，家具才能更完善地具备多功能性，以适应现代生活的多方面活动。布劳耶认为，现代社会中的任何材料，只要恰当理解并合理使用，都会在设计中表现出内在的价值。（图1-28）

5. 后现代主义时期的家具设计

后现代主义家具就是继承及超越现代主义的一种艺术风格。从字面上理解那是现代主义之后的某种风格，它否定现代主义，挑战现代主义，其建筑风格也有丰富的视觉艺术形式与历史感。

后现代主义的设计风格强调建筑的复杂性和矛盾性，反对简单化、模式化，讲求文脉，追求人情味，崇尚隐喻与象征的手法，大胆地运用装饰和色彩，提倡多样化和多元化。在造型设计的构图理论中吸取其他艺术或自然科学概念，如片断、反射、折射、裂变、变形等。用非传统的方法来运用传统，以不熟悉的方式来组合熟悉的东西，用各种刻意制造矛盾，如断裂、错位、扭曲、矛盾共处等手法，把传统的构件组合在新的情景之中，让人产生复杂的联想。其主要通过非传统的混合、叠加、错位、裂变手法和象征、隐喻等手段，突破传统家具的烦琐和现代家具的单一局限，将现代与古典、抽象与细致、简单与烦琐等巧妙组合成一体。

后现代主义家具的特点：

（1）后现代家具不像现代家具那般注重功能、简化形态、反对过多的装饰。而是注重装饰的要求，反而轻视功能，在形体构成上持游戏心态，近乎怪诞。也就是说后现代家具是指形式奇怪、色彩狂躁、技术暴露的家具。

（2）后现代家具主张新旧融合、兼容并蓄的折中主义立场。后现代主义设计并不是简单地恢复历史风格，而是把眼光投向被现代主义运动摒弃的广阔的历史建筑中，承认历史的延续性，有目的、有意识地挑选古典建筑中具有代表性的、有意义的东西，对历史风格采取混合、拼接、分离、简化、变形、解构、综合等方法，运用新材料、新的施工方式和结构构造方法来创造，从而形成一种新的形式语言与设计理念。

（3）后现代主义家具的出现也是人们在高度发达的后工业社会中寻求一丝心理的安慰，后现代主义家具的出现，也让我们在单调和贫乏的生活中再次找到了丰富多彩的美感。（图1-29、图1-30）

图1-29　现代主义时期家具2

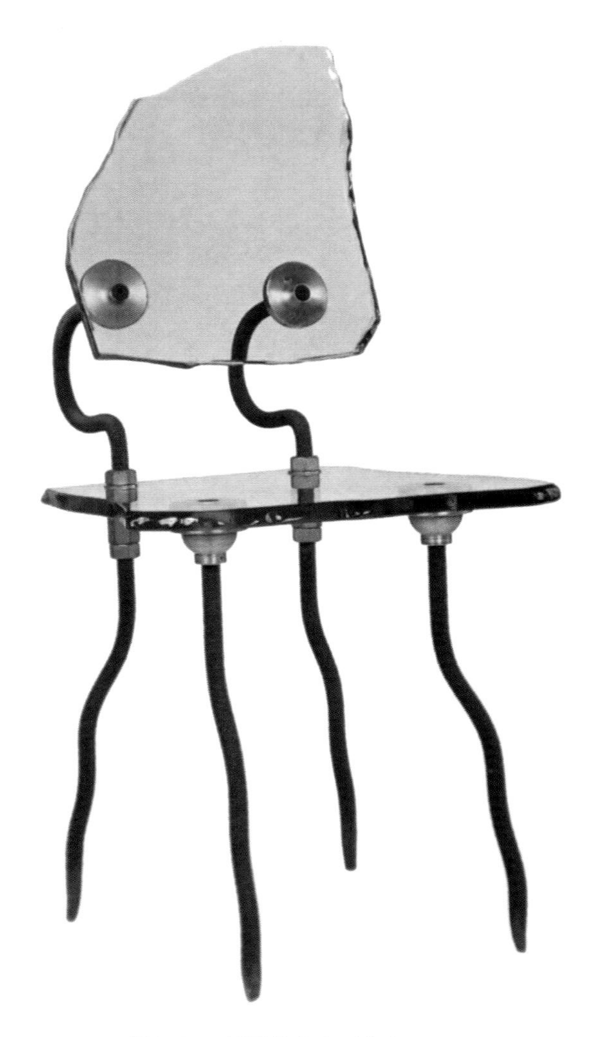

图1-30　后现代主义时期家具

6. 太空主义时期的家具设计

太空主义家具是泛指20世纪60年代，伴随美国开展“太空计划”，全球兴起一股太空热潮，沿用到家具设计中。充满太空科幻感觉的设计风格，也是一种边缘化的潮流，但它的设计和功能性却有着极强的时代指向。虽然材料和设计换代迅速，但高科技、新材料、球体造型一直是太空家具的基本特点。

当年从事设计的人，将好奇心和一知半解的太空知识，演变成创造家具装饰的灵感，从而促发了一系列线条流畅、颜色对比强烈的家具及摆设。太空时代家具造型以球体、圆锥体、立方体、飞碟状等具有科幻意识的几何体出现，材料多采用当时高科技发明的塑料和聚酯。（图1–31）

图1–31　太空主义时期家具1

太空时代家具无论实用性如何，都展示出对未来家具另类感、抽象感、舒适感的表达，并且成为家具发展设计史上具有标志性的变革。（图1–32）

（四）家具设计发展的新趋势

1. 家具与文化的融合

设计的全球化是一种趋势，在这种多元化、信息化的发展过程中，具有民族风格和人文特色的家具设计随之增强。随着情感在家具设计作品里的参与，设计与艺术随之增强，人们希望家具设计能够提供更好的功能，表达出更多的人情、个性的同时，也期望家具设计包含更多的人文价值，这也正是一个国家的设计区别于另一个国家的设计的体现。

图1–32　太空主义时期家具2

家具设计已经不仅仅需要考虑人的生理尺寸，还要考虑人的心理尺寸。家具不仅仅要形式美，还要承载一定的文化内涵。

2. 以人为本与个性化设计

“以人为本”说到底就是从人性出发，以人的

图1-33　绿色家具

图1-34　小型化家具

本性来看待设计，“以人为本”一直是各种设计的基本指导思想之一。它强调以人为中心，从人的需要出发来设计家具。

根据马斯洛需求层次理论，可以把需求分为“生理需求”、“安全需求”、“爱和归属感”、“尊重的需求”、“自我实现的需求”五个层次。在“人无我有”的层次得到满足后，“人有我优”的需求便被激发，现在的“以人为本”逐渐由以“大众”为本转换为以“个人”为本，个性化定制家具需求增加。

3. 绿色环保设计

越来越多的人意识到环境对人类的重要性，所以很多人都提倡绿色家具。绿色家具应是绿色设计、绿色材料、绿色生产、绿色包装的综合。在家具设计上，符合人体工程学原理，具有科学性，减少多余功能，在正常和非正常使用情况下，不会对人体产生不利影响和伤害。在家具材料选用上，选用天然的、可循环的材料。在家具生产中，对生产环境不造成污染、节能省料，并尽可能延长产品使用周期，让家具更耐用，从而减少再加工中的能源消耗。在家具包装上，其材料是洁净、安全、无毒、易分解、少公害、可回收。

绿色家具作为一种特殊的绿色产品具有其特殊的含义，因此，在进行家具设计时应注意：

（1）提高材料的利用率；

（2）回收重利用；

（3）控制家具中的有毒物含量；

（4）减少生产过程中的环境污染；

（5）先进的标准化体系。（图1-33）

4.小型化

大型或者巨型家具如今已经不再流行、市场也不再走俏了，如今人们希望家具可以适应更小的空间。为了更有效地利用空间，会更加需要流线型的家具。（图1-34）

5.多功能家具

人们希望家具可以有多重用途，这已经成为一种流行趋势，并且这种需求正在以更快的速度增加，原因就在于多功能家具可以更好地利用空间。（图1-35、图1-36）

6.复古家具的流行

复古家具的流行实际上是几种因素作用的结果。它们与一些记忆相联系，充满怀旧感。同样，复古家具也是那些喜欢绿色环保家具的人们的需求，因为它们无毒害物质的天然属性使用起来更安全，也成为很多顾客的选择。（图1-37）

图1-35　多功能家具组合1

图1-36　多功能家具组合2

图1-37　复古风格家具

第二节　家具的种类

一、按照使用场所划分

（一）民用家具

民用家具是指在普通的居家空间中使用的家具。按室内功能划分，民用家具可以划分为包括玄关家具（图1-38）、客厅家具（图1-39）、卧室家具（图1-40）、书房家具（图1-41）、餐厅家具（图1-42）、厨房家具（图1-43）、卫生间家具（图1-44）的家具类型，是人类日常生活离不开的家具，也是类型最多、品种复杂、式样丰富的基本家具类型。按家具使用成员划分，民用家具又可以分为夫妇家具、老年人家具、青少年家具、儿童家具（图1-45）等。由于地区不同、民族不同，民用家具的风格也不同，造型、色彩也各有特色。

图1-38　玄关家具

图1-39　客厅家具

图1-40　卧室家具

图1-41　书房家具

图1-42　餐厅家具

图1-43　厨房家具

图1-44　卫生间家具

图1-45　儿童家具（松木床）

（二）办公家具

办公室是人们办公的场所，室内办公的人员，需要长时间与家具接触，办公家具的设计大概需要考虑到以下几个方面的因素：

（1）办公空间与集体空间的分割与关系；

（2）符合人体工学的办公家具；

（3）组合家具可以提高人的工作效率；

（4）满足人们的心理需求。

由于办公场所属于公共场所，所以风格一般比较中性，大多采用现代简约的风格。办公空间在一定程度上会影响人们的工作状况、工作满足感、交往舒适感和办公质量。办公空间大块表面使用高亮度、暗色色彩时，员工们会工作得更好，并能体会到广阔空间环境。但由于个体对环境色彩变化的敏感性不同，所以对办公环境的色彩设计不可能非常精确地加以度量和控制。天然材料的色彩柔和清晰、饱和而丰富，能够满足不同个体在生理、心理及感情等多方面的个性化需求。

办公家具可分为座椅、台桌、橱柜、隔断四大系列。办公家具设计常常不是一桌一椅的拼合，而是要有计划地按照单体设计、单元设计、组合设计、办公布置设计四个阶段有步骤地进行。办公家具着重向多功能、灵活性、自动化、智能型方向发展。设计商考虑人体工学因素，要求适用、耐用、减轻疲劳、提高工作效率。办公座椅分为老板椅、秘书椅、工作人员椅、打字员用椅以及会议室座椅、接待用椅等，形式多样，发展速度很快。

办公桌是办公使用的主要家具之一，它承担办公及其用品存放的功能，设计要在功能上具有可以提高工作效率的桌面、不易产生疲劳的高度和容纳下肢活动的桌下空间，并方便办公自动化设施的存放和安装。办公桌按照使用要求可以分为单体式（图1-46）和组合

图1-46
单体办公家具

式（图1–47）。

（三）酒店家具

客房家具通常使用刨花板、中密度纤维板、细木工板、层压板等几种作为基材，使用薄木、木单板、三夹板作为覆面材料。不同的基材和覆面材料其材料特性也各不相同，不注意材料的特性和正确的使用方法，常常会导致板件的翘曲。

客房家具多为固定家具，一般结构以板式为主，选用木螺钉、五金连接件和胶粘剂作为接合方式。在使用材料时应注意不同的材料特性，如刨花板、中密度板握钉力较差，忌用在需频繁活动或需要较强的握钉力的部位，如门铰链螺钉部位，抽轨底轨螺钉部位，容易松动产生声响。床屏、镜框、墙上五金挂件部位应该特别注意或者用木材代替加固，目前流行木方45°倒挂结构。

客房家具一般数量较大，尽量使用计算机合理排料，大块料与小块料综合利用，降低材料成本。不同的结构，要注意材料成本的比较。（图1–48）

图1–47　组合办公家具

图1-48　酒店家具

（四）室外家具

户外家具主要指用于室外或半室外的供公共活动之用的家具。室外家具可以分为公园家具、街道家具和庭院家具。户外家具最大的特点是要经得起风吹日晒，不同材料制作的家具有不同的优缺点。

金属户外家具：金属材质的家具比较耐用，铝或经过防水处理过的合金材质的最好，但注意要防止撞击。结实的铁艺家具的表面基本上都经过电镀或氧化处理，材质本身的力学性能比较强，又不易磨损，所以应用比较广泛。（图1-49）

图1-49　铁艺户外家具

藤质户外家具：藤制家具可以说是夏日里的最佳宠儿，黄色的自然本色令藤制家具与自然恰如其分地融为一体，特别是它特殊的材质也令它具有独特的魅力。竹藤材质户外家具漂亮，但价格不菲，而且很难打理，容易累积灰尘和发霉，所以选择藤制家具时一定要选择质量好且经过特殊处理的。（图1-50）

图1-50　竹藤户外家具

木材户外家具：一般来说，要选择油分较大的木材，如杉木、松木、柚木等，而且一定要做过防腐处理；制作工艺也很重要，因为长期暴露在外，变形在所难免。如果工艺不过关，家具很可能因为榫接不牢或者膨胀系数不对而散架；另外木质户外家具需要经常用木头油或者油漆保养。（图1-51）

图1-51　木制户外家具

塑料户外家具：随着木头资源匮乏，越来越多的仿木产品也被广泛采用，如塑木、塑胶木、PVC、PS改性材料等，随着工艺的改进，这些塑料制产品耐候性更强，不腐、不变色、抗老化、无虫蛀，而且大多采用回收塑料加工而成，为环保作出了很大的贡献。（图1-52）

图1-52　塑料户外家具

二、按照家具风格划分

（一）传统中式风格

传统中式家具古典庄重，常使用天然木材等硬木，如酸枝、紫檀、黄花梨、红木等，常以浮雕、嵌套的方式雕龙画凤，做工考究，颜色以暗红为主，寓意红运当头，图案多龙、凤、龟、狮等，精雕细琢、瑰丽奇巧。

中式风格的客厅具有内蕴的风格，为了舒服，中式的环境中也常常用到沙发，但颜色仍然体现着中式的古朴，中式风格这种表现使整个空间传统中透着现代，现代中夹着古典。这样就以一种东方人的“留白”美学观念控制的节奏，显出大家风范，其墙壁上的字画无论数量还是内容都不在多，而在于它所营造的意境。可以说无论西风如何劲吹，舒缓的意境始终是东方人特有的情怀，因此书法常常是成就这种诗意的最好途径。试想躺在舒服的沙发上，任千年的故事顺指间流淌，美哉、妙哉！

传统中式空间充满东方审美韵味，让人着迷。但对于现代生活来说，它又显得比较单一、沉闷，常常让人觉得情绪受到压制，过于稳重的

图1–53　传统中式风格家具

特征又常常让人觉得不够轻松。

让中式风格有更多“呼吸”的余地，可以借由改善空间层次而来。简洁的墙角和角线、简化的装饰语言、简单的设计让视觉得以缓冲，也让整个中式家居的沉闷环境得到了延展。利用现代的空间理念可以使得中式空间更加舒缓，对于空间层次的重新构造也可以加强中式空间的现代味道。（图1–53）

（二）新中式风格

新中式风格诞生于中国传统文化复兴的新时期。伴随着国力增强，民族意识逐渐复苏，人们开始从纷乱的“模仿”和“拷贝”中整理出头绪。在探寻中国设计界的本土意识之初，逐渐成熟的新一代设计队伍和消费市场孕育出含蓄秀美的新中式风格。在中国文化风靡全球的现今时代，中式元素与现代材质的巧妙兼柔，明清家具、窗棂、布艺相互辉映。继承明清时期家居理念的精华，将其中的经典元素提炼并加以丰富，同时改变原有空间布局中等级、尊卑等封建思想，给传统家居文化注入了新的气息。

新中式风格家具并非完全意义上的复古明清，而是通过中式风格的特征，表达对清雅含蓄、端庄丰华的东方式精神境界的追求。新中式风格主要包括两方面的基本内容：一是中国传统风格文化意义在当前时代背景下的演绎；二是对中国当代文化充分理解基础上的当代设计。新中式风格不是纯粹的元素堆砌，而是通过对传统文化的认识，将现代元素和传统元素结合，以现代人的审美需求来打造富有传统韵味的事物，让传统艺术在当今社会得到合适的体现。（图1–54）

图1–54　新中式风格家具

图1–55　传统欧式风格家具

（三）欧式风格

欧式家具是欧式古典风格装修的重要元素，以意大利、法国和西班牙风格的家具为主要代表。其延续了17—19世纪皇室贵族家具的特点，讲究手工精细的裁切雕刻。

欧式风格又可分为传统欧式风格（图1–55）和简欧风格（图1–56），传统欧式风格是指16世纪文艺复兴运动到17世纪巴洛克及洛可可时代的欧洲家具风格。简欧风格就是简化了的欧式风格。简欧风格更多地表现为实用性和多元化。简欧家具中床、电视柜、书柜、衣柜、橱柜等都与众不同，是为营造出日常居家不同的感觉。简欧风格继承了传统欧式风格的装饰特点，吸取了其风格的“形神”特征，在设计上追求空间变化的连续性和形体变化的层次感，室内多采用带有图案的壁纸、地毯、窗帘、床罩、帐幔及古典装饰

图1–56　简欧风格家具

画，体现华丽的风格。家具门窗多漆为白色，画框的线条部位装饰为线条或金边，在造型设计上既要突出凹凸感，又要有优美的弧线。

如果说传统欧式风格线条复杂、色彩低沉，而简欧风格则在传统欧式风格的基础上，以简约的线条代替复杂的花纹，采用更为明快清新的颜色，既保留了传统欧式的典雅与豪华，又更适应现代生活的休闲与舒适。

无论是传统欧式风格还是简欧风格，其设计哲学都是追求深沉里显露尊贵、典雅中浸透豪华的设计表现，并期望这种表现能够完整地体现出居住人对品质和典雅生活的追求。

（四）地中海风格

文艺复兴前的西欧，家具艺术经过浩劫与长时期的萧条后，在9—11世纪又重新兴起，并形成自己独特的风格——地中海式风格。也就是人们常说的海洋风格，以白、灰、天蓝色为主色，海天一色，体现宽广的情怀，使用拱廊拱门点缀，地中海风格的灵魂是“蔚蓝色的浪漫情怀，海天一色，艳阳高照的纯美自然”。地中海风格的最大魅力来自其纯美的色彩组合，按照地域自然出现了三种典型的颜色搭配：蓝与白；黄、蓝、紫和绿；土黄和红褐。地中海风格的装饰手法也很有鲜明的特征：家具尽量采用低彩度、线条简单且修边浑圆的木制家具。马赛克镶嵌、拼贴在地中海风格中算较为华丽的装饰，主要利用小狮子、瓷砖、贝类、玻璃片、玻璃珠等素材，切割后再进行创意组合。地中海风格的家具以其极具亲和力的田园风情、柔和的色调和组合搭配上的大气很快被地中海以外的大区域人群所接受。物产丰饶、长海岸线、建筑风格多样化、日照强烈形成的风土人文，使得地中海具有自由奔放、色彩多样明亮的特点。

地中海周边国家众多，风情各异，但是独特的气候特征还是让各国的地中海风格呈现出一些一致的特点。地中海的建筑犹如从大地与山坡上生长出来的，无论是材料还是色彩都与自然达到了某种契合。在地中海风格家居中，装饰是必不可少的一个元素，一些装饰品最好是以自然的元素为主，比如一个实用的藤桌、藤椅，或者是放在阳台上的吊兰，还可以加入一些红瓦和窑制品，带着一种古朴的味道，不被各种流行元素所左右，这些小小的物件经过了时光的流逝日久弥新，带着岁月的记忆，反而有一种独特的风味。

地中海风格的家具主要有以下特点：

（1）在造型上，广泛运用拱门与半拱门。地中海沿岸对于房屋或家具的线条不是直来直去的，显得比较随意自然，因而无论是家具还是建筑，都形成一种独特的浑圆造型。同时，家具的线条以柔和为主，可能用一些圆形或是椭圆形的木制家具，与整个环境浑然一体；而窗帘、沙发套等布艺品，常选择一些粗棉布，让整个家显得更加的古味十足。在布艺的图案上，常选择一些素雅的图案，这样会更加突显出蓝白两色所营造出的和谐氛围。

（2）在家具选配上，通过擦漆做旧的处理方式，搭配贝壳、鹅卵石等，表现出自然清新的生活氛围。

（3）在色彩上，地中海风格按照地域出现了三种典型的颜色搭配，如蓝与白，这是比较典型的地中海颜色搭配。西班牙、摩洛哥海岸延伸到地中海的东岸希腊。希腊的白色村

图1-57　地中海风格家具（书架）

庄与沙滩和碧海、蓝天连成一片，将蓝与白不同程度的对比与组合发挥到极致。地中海风格的家具在选色上，一般选择直逼自然的柔和色彩黄、蓝、紫和绿，南意大利的向日葵、南法的熏衣草花田，金黄与蓝紫的花卉与绿叶相映，形成一种别具情调的色彩组合，十分具有自然的美感。以蓝色、白色、黄色为其主色调，看起来明亮悦目。

（4）在材质上，一般选用自然的原木、天然的石材等，用来营造浪漫自然的氛围。（图1-57）

（五）日式风格

日式风格也称为和式风格，简洁、淡雅是其特征，适合面积较小的房间。设计元素主要有纸糊的日式移门、草席地毯、榻榻米平台、日式矮桌、布艺或皮艺的轻质坐垫等。日式风格中没有多余的装饰物，所以整个室内显得干净简洁。传统的日式家具是比较注重实际功能的，很多的材质都是取之自然之物，这让家居环境形成了一种独特的风格，让人们感受到日式家具带来的清新自然、简洁淡雅的品味。

日式家具的特点：

（1）简洁：日式家具比较重视自然色彩的沉静和造型线条的简洁，这样能带来的一种宁静美。另外受佛教影响，日式家居布置也是比较讲究的，强调空间中自然与人的和谐，让人人置身其中，有一种淡淡的喜悦。

（2）工整：日本人对家居用品的陈设是非常讲究的，一切都要清清爽爽地摆在那里。这似乎带有那么一种刻意的味道，但你不得不承认，这种刻意的创造使日式家具的美发挥到了极致。

（3）自然：在日式风格中，庭院的地位是极高的，室内与室外互相映衬已成定理。还有插花，更是要不失时机地摆放在家中合适的角落。这就让日式家具的自然之美与之呼应，成为家居

中的一道靓丽风景。（图1–58）

图1–58　日式风格家具

（六）东南亚风格

东南亚风格的家具以其来自热带雨林的自然之美和浓郁的民族特色风靡世界。它广泛地运用木材和其他天然原材料，如藤条、竹子、石材、青铜和黄铜，局部采用一些金色的壁纸、丝绸质感的布料，使整个家居生活都充满了来自原始自然的淳朴之风。

东南亚风格家具特点：

（1）色彩以宗教色彩中浓郁的深色系为主，如深棕色、黑色、金色等，令人感觉沉稳大气；受到西式设计风格影响的则以浅色比较常见，如珍珠色、奶白色，给人轻柔的感觉。

（2）设计舒展而优美、简洁、圆润，犹如行云流水。

（3）家具呈现的不只是简单明朗的古朴之风，繁复精美的雕花像是住在热带地区一个精灵，瞬间跳入眼帘，美丽大方而又温和。东南亚风格家具多是纯手工编织而成，可见其入微的讲究非同凡响。（图1–59）

图1–59　东南亚风格家具

（七）田园风格家具

田园风格倡导回归自然，主张崇尚自然、结合自然，因此田园风格力求表现悠闲、舒畅、自然的田园生活情趣。在田园风格里，粗糙和破损是允许的，因为只有那样才更接近自然。

田园风格家具特点：

（1）材料：田园风格家具的用料崇尚自然，常选用砖、陶、木、石、藤、竹等，越自然越好。在织物质地的选择上多采用棉、麻等天然制品，其质感正好与乡村风格不饰雕琢的追求相契合，有时也在墙面挂一幅毛织壁挂。

（2）工艺：田园风格家具造型一般采用自然的有机造型，或者做重点装饰与边角装饰，还可沿窗布置，使植物融于居室，创造出自然、简

朴、高雅的氛围。（图1-60）

图1-60　田园风格家具

（八）美式风格家具

美国文化受到欧洲贵族、黑人奴隶、资产阶级等人在移民的过程中带来的各自不同国家地域的文化、历史、建筑、艺术甚至生活习惯等多方面影响。美国人传承了这些欧洲文化的精华，又加上了自身文化的特点，最后衍生出独特的美式家具风格。

正是由于一方面要适应多民族意识形态、另一方面要保持自身的文化，因而当文艺复兴引发欧洲奢华、新古典家具再掀仿古文化时，美式家具在扬弃巴洛克和洛可可风格的新奇和浮华的基础上，建立起一种对古典文化的重新认识。它既包含了欧式古典家具的风韵，但又少了皇室般的奢华，转而更注重实用性，兼具功能与装饰于一身。这样的家具风格被誉为美式家具风格。

同时，由于美国是由殖民地中独立起来的国家，因而，我们不难看出在美国文化里崇尚个性张扬与对自由的渴望。所以，美式家具风格经常会以一些表达美国文化概念的图腾，比如大象、大马哈鱼、狮子、老鹰、莨菪叶等，还有一些反映印第安文化的图腾来表现独有的个性。与图腾文化如出一辙，美国人始终不忘一颗回归自然的心，尽管美国如今是高楼林立的金融中心，因此美国充满浪漫主义与乡村情调的家具一直在美式家具风格中占有重要地位。

兼容并蓄是美式家具风格的魅力所在，正因为美式家具风格所具有的文化特质，越来越多的中国消费者，也渐渐地喜好上了美式家具风格。

美式床极有特色，高柱并带有顶篷。床之所以高，是因为有两层床垫，据说这样更加有弹性。椅子最能表现美国“安娜女王式”的特点：椅子的顶部采用轭形，饰以浅浮雕，椅背是花瓶式的板条，座面做成马蹄形即U形，但所有的雕刻都不太复杂，这种样式被认为是借鉴了中国家具的式样。

美式家具设计二战后经历了“现代主义”、“后现代主义”两个时期。20世纪80年代后期“艺术家具运动”开始风行，美式家具在造型上大胆抛开传统，充分展示个性。90年代以后，具有自由表现力的家具开始成为时尚，色彩、结构、线条这些简单的元素在家具设计中尽显创意的光芒，并在概念艺术影响下形成了独树一帜的美国审美观。

美国是家具生产大国，也是最大的家具消费市场。由实木、棉、麻等天然材料制作的物品让人仿佛回到大自然的怀抱，于是讲究自然舒适、温馨写意的美式家具开始越来越受人们的喜爱。

美式家具的特点：

（1）风格粗犷大气。

美式家具较意式和法式家具来说，风格要粗犷一些。不但表现在它的用料上，还表现在它给予人的整体感觉上。在一些美式古典风格家具上，涂饰上往往采取做旧处理，即在油漆几遍后，用锐器在家具表面上形成坑坑点点，再在上面进行涂饰。

（2）材料精美。

美式家具多选择好的木材，一般多为樱桃木、黑胡桃木、桃花芯木、橡木、桦木、赤杨木等，不同木材和不同部位的各色各样的稀有纹理，乃至树木生长期中由于病理变化产生的特殊纹理都是美式家具的最爱。

（3）崇尚古典韵味。

美式家具中常见的是新古典风格的家具。这种风格的家具，设计的重点是强调优雅的雕刻和舒适的设计。在保留了古典家具的色泽和质感的同时，又注意适应现代生活空间。在这些家具上，我们可以看到华丽的枫木滚边，枫木或胡桃木的镶嵌线，纽扣般的把手以及模仿动物形状的家具脚腿造型等。（图1–61）

图1–61 美式乡村风格家具

（九）非洲风格家具

非洲风格家具整体上传承了非洲文化中的粗犷因素，房间的地面可以选择不同图案的仿古瓷砖，但色调会偏于重色调，稳重耐脏。非洲风格的装修很喜欢用雕塑，由于雕塑本身的颜色浑厚滞重，容易产生发闷的感觉，所以在墙面颜色的选取上会非常大胆，传统的本白和鹅黄、灰蓝、青绿、淡粉分布在不同的墙面上，这种清新爽净的色调组合代表了明朗悠闲的意味。

非洲风格家具的特点：

（1）用材：一般来说，非洲家具比较善于采用粗大的整块木料，有比较大胆的造型、庞大的体积，显得简洁而有力，能够体现出稳定而威严的气势。房间内摆设的非洲家具，处处都有木雕艺术的神韵，造型上充满重量感和稳定感，而且使用的木料往往故意保留原始的疤结、残边和裂缝，在着色前都经过了风化处理，让原始木材表面的筋络凸显，那种朴实无华的美感回味无穷。

（2）装饰图案多与自然界有关：在艺术作品中，自然界起到一个关键的作用。同样，动物也作为非洲的意识形态和民间传说中的主要组成部分。狮女、蛇、鱼、昆虫、海龟、长颈鹿、斑马和羚羊成为非洲艺术中的亘古不变的主题。这些动物使非洲的艺术愈加丰富多彩。（图1–62）

图1–62　非洲风格家具

（十）现代简约家具

现代简约风格家具，简洁明快，实用大方。因为“极简主义”的生活哲学普遍存在于当今大众流行文化。依靠新材料、新技术，加上光与影的无穷变化，追求无常规的空间解构，大胆鲜明对比强烈的色彩布置，以及刚柔并举的选材搭配。现代简约风格的装修风格迎合了现在年轻人的喜爱。现在都市的忙碌生活，年轻人烦腻了灯红酒绿的场合，而更喜欢的一个安静、祥和，看上去明朗宽敞的家，来消除工作的疲惫，忘却都市的喧嚣。

现代简约风格家具的特点：

（1）现代简约家具一般是以白、黑、红色为主，独特的光泽使家具倍感时尚，具有舒适与美观并存的享受。在配饰上，延续了黑白灰的主色调，以简洁的造型、完美的细节，营造出时尚前卫的感觉。

（2）装修的简约从务实出发，不应盲目跟风而忽略其他因素。简约的背后也体现一种“现代消费观”，即注重生活品位、注重健康时尚、注重合理节约科学消费。（图1-63）

图1-63　现代简约家具

三、按基本功能划分

（一）坐卧类家具

坐卧类家具是与人体直接接触，对人体起到支撑作用，它是使用时间最长、使用功能最广的基本家具类型。家具在历史上经历了由早期席地而坐的矮型家具到中期的垂足而坐的高型家具的演变过程，是人类告别动物基本习惯和生存姿势的一种文明创造的行为，也是家具最基本的哲学内涵。按照使用功能的不同可分为椅凳类、沙发类、床榻类三大类。

（1）椅凳类家具。椅凳类家具品种繁多、造型丰富，从传统的马扎凳、长条凳、板凳、墩凳、靠背椅、扶手椅子、躺椅、折椅、圈椅，发展到了今天具有高科技和先进工艺技术和复合材料设计制造的气动办公椅、电动汽车椅、全自动调控航空座椅等。（图1-64）

图1-64　椅凳类家具

（2）沙发类家具。沙发是由西方坐卧类家具演变发展而来的重要家具类型，形式包括单人沙发、双人沙发、长沙发、沙发床等。材料以传统的金属弹簧、方木结构逐步发展到今天的高泡聚酯海绵软垫、不锈钢铝合金活动结构。近年来由于绿色环保意识和家具时装化的流行，沙发逐步从传统的真皮沙发演变为现代布艺沙发。现代布艺由于具有可拆洗、面料多样化、装饰性强等特点，正日益成为现代沙发家具的主流。（图1-65）

图1-65　沙发类家具

（3）床榻类家具。床榻类家具是用来支撑人体睡眠用的家具。在古代中国和现代日本，床是兼做坐具用的，名曰榻，这是非常富有东方特色的坐卧家具。随着社会的发展，床的制造设计和工艺结构、材料都有了很大的变化，除了传统的大床、架子床、双层床之外，席梦思软垫床、多功能组合床、水床、电动按摩床等现代化床类家具不断地被设计和制造出来，这不仅为人们提供了休息、睡眠的卧床，还为人们提供了美好的梦想空间。（图1-66）

图1-66　床榻类家具

（二）桌台类家具

桌台类家具是与人们工作、学习和生活直接相关的家具，其高低宽窄的造型必须与坐卧类家具配套设计，具有一定的尺寸要求。按照中国传统的分类方式，较高的称为桌，较矮的称为几。桌类有写字台、抽屉桌、会议桌、课桌、餐台、试验台、电脑桌、游戏桌等；几类有茶几、条几、花几、炕几等。（图1-67）

图1-67　桌台类家具

（三）柜架/贮存家具

橱柜类家具也被称为储藏家具，储藏家具虽然不与人体直接相关，但在设计时必须在适应人体活动的一定范围内制定尺寸和造型。在使用上分为橱柜和屏架两大类，在造型上分为封闭式、开放式和综合式三种形式，在类型上分为固定式和移动式两种类型。

橱柜家具包括衣柜、书柜、五屉柜、餐具柜、床头柜、电视柜、高柜、吊柜等。屏架类有衣帽架、书架、花架、博古陈列架、隔断架、屏风等。在现代建筑室内设计中，橱柜已经成为现代整体厨房的主体。（图1-68）

图1-68　橱柜类家具

四、按家具结构划分

（一）固定式家具

固定式家具的零部件之间与其他固定形式接合一次性装配而成，其特点是结构牢固、稳定。一般说来，家具不外乎是由两部分组成的，即结构部件与围护部件。在框式结构的家具中，这两部分是分置的；在板式结构的家具中，两者则合为一体的。总之，传统的家具两样俱全：由于自有支撑部件，要想挪个地方只需搬动一下就行了。但固定式家具则不同，它的特点就是依附于建筑物，借助其力以支撑其自重及荷载。（图1-69）

图1-69　固定式转角柜

（二）可拆装式家具

可拆装式家具的零部件之间由连接件接合并可多次拆卸与安装，可缩小家具的运输体积，便于搬运减少库存空间。对年轻时尚的消费者来说，能像玩积木一样自由拆装、组合家具，生活也变得别有一番趣味。其特点是容易拆装、组合，并且方便运输，还能节省保存空间。（图1-70）

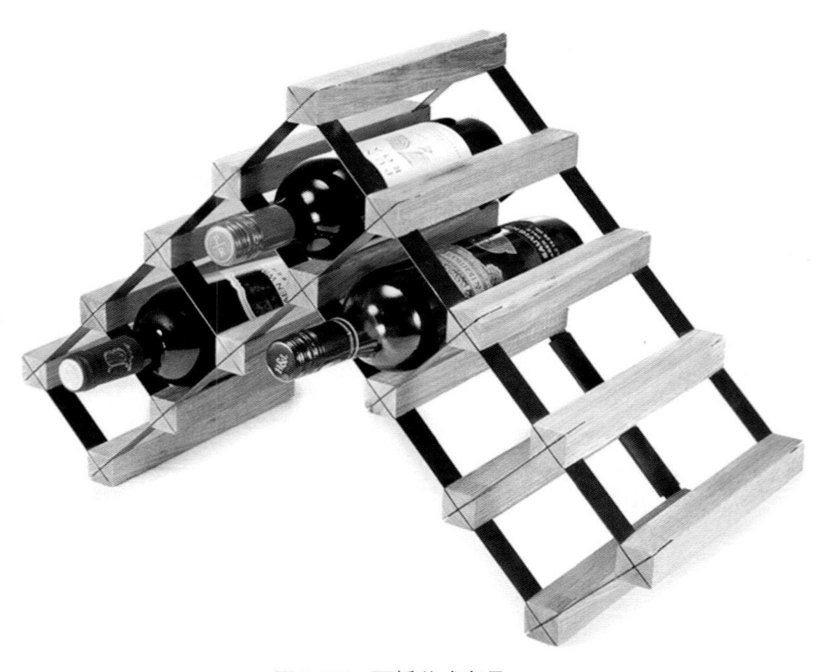

图1-70　可拆装式家具

图1-71　折叠式家具

（三）折叠式家具

折叠式家具能折叠使用并能盛放其他物品，适用于住房面积小或经常需改变使用场地的公共场所。如餐厅、会场等，也可作为外出旅行的家具。由于考虑能折叠就必须有折叠灵活的连接件，因此它的构造与结构必须受到一定限制，不能太复杂。折叠家具突破传统家具的设计模式，通过折叠可以将面积或体积较大的物品尽量压缩。细细品味折叠式家具，会发现一种独特的美感，更别说它们还无一例外地兼具到了实用主义、拥有灵活自由的使用方式以及功能多样化。（图1-71）

（四）曲木式家具

曲木式家具是一种利用木材外性的弹性原理而制作的一种家具。优点是抗潮、抗扭、不开裂、不变形、造型别致、弧线优美、轻巧。在材料方面也可以得到充分的利用，不至于浪费过度，细腻的材质还能使家具的表面光滑，拥有舒适的手感，而且可按人体工程学的要求压制出理想的曲线型。（图1-72）

图1-72　曲木式家具

（五）壳体式家具

壳体式家具又称薄壁成型家具，是利用塑料、玻璃一次冲压成型或用单板胶合成的家具。这类家具的优点在于造型简洁、轻巧，便于扭移，工艺简便、省料、生产效率高。家具还可配成各种色彩，生动新奇，适用于室内外的不同环境，尤其适用于室外。（图1-73）

图1-73　壳体式家具

（六）充气式家具

充气式家具是由各种颜色的单面橡胶布黏合成型的家具，经充气后达到设计要求的形体。具有放气后体积小巧、收藏携带方便、色彩鲜艳、不惧雨水、新潮舒适、种类多的优点。但一旦破裂则无法再使用，所以使用寿命短暂。（图1-74、图1-75）

图1-74　充气式家具1

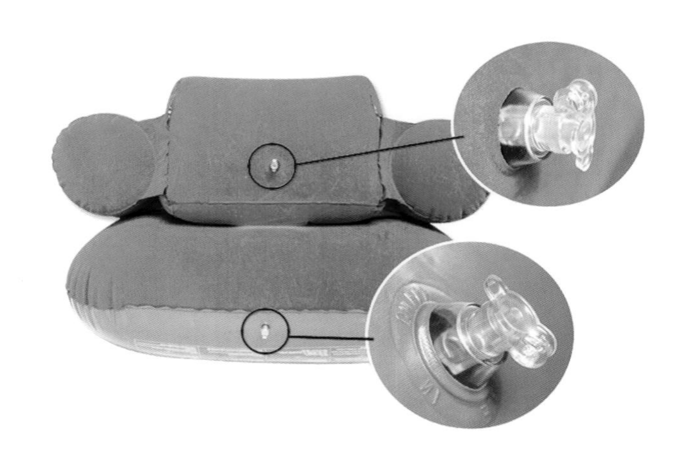

图1-75　充气式家具2

（七）嵌套式家具

嵌套式家具指若干个功能相同或不同的家具单体部件通过嵌套的形式组合在一起获得新形式或新功能的家具。这种嵌套方式的组合对象通常是具有独立功能的单体家具和模块。优点在于易于装卸、样式多变、组合自由，但是需要样式统一。

分类只是相对的，设计师不能困于分类而抑制自己的创造性。现代家具往往是交叉与复合的，如用材，在同一件家具中可能会用到多种材料，又比如在板式家具中也有可能配上实木框式构件。（图1-76）

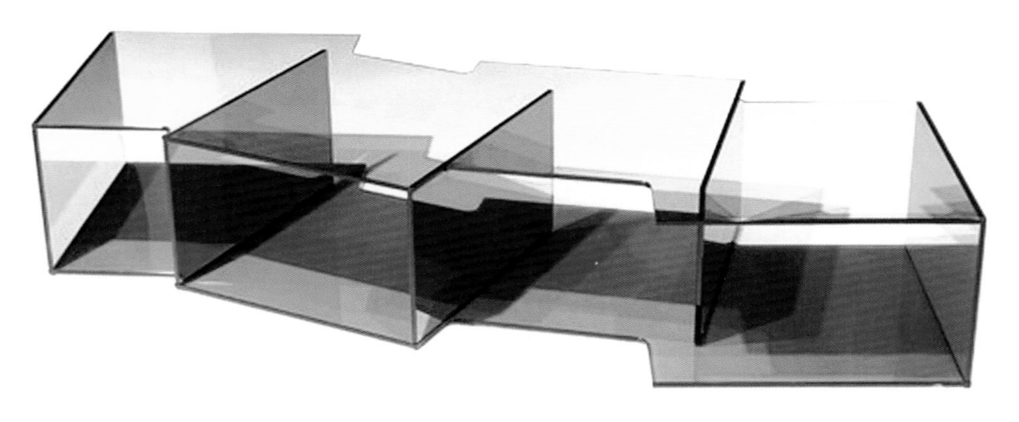

图1-76　嵌套式家具

第三节　家具设计与人体工程学

一、人体工程学

（一）人体工程学的定义

“人体工程学”（Human Engineering），也称“人类工程学”“人体工学”“人间工学”或“工效学”。工效学“Ergonomics”原出希腊文“Ergo”，即“工作、劳动”和“nomos”（规律、效果），也即探讨人们劳动、工作效果、效能的规律性。人体工程学起源于欧美，原先是在工业社会中，开始大量生产和使用机械设施的情况下，探求人与机械之间的协调关系，作为独立学科有40多年的历史。

按照国际工效学会所下的定义，人体工程学是一门“研究人在某种工作环境中的解剖学、生理学和心理学等方面的各种因素；研究人和机器及环境的相互作用；研究人在工作、家庭生活和休假中怎样统一考虑工作效率、人的健康、安全和舒适等问题的科学”。日本千叶大学小原教授认为：人体工程学是探知人体的工作能力及其极限，从而使人们所从事的工作趋向适应人体解剖学、生理学、心理学的各种特征。”

（二）家具设计的人体工程学原则

衡量一个家具设计成功与否，要看人体工程学、环境心理学和审美心理学是否运用恰当，其中人体工程学的运用是最主要的因素之一。如果家具设计不符合人体工程学的标准，这个家具就失去了意义。

1.“以人为本”原则

“以人为本”的人性化设计思路是指在家具设计中体现以人为本的设计原则，使家具设计的中心始终围绕使用者的需求而展开，是根据人体工程学、环境心理学、审美心理学等学科科学地了解人们的生理特点、行为心理和视觉感受等方面的特点，从而设计出充满人性的产品。家具设计的人性化设计主要指家具功能的人性化、尺寸的人性化、造型的人性化、材料的人性化、色彩的人性化等。家具设计最基本的目标是为人们提供一个舒适、安全、方便和高效的生活环境。对家具产品来说，最重要的是以实用为核心，舍弃那些华而不实，只充作摆设的功能，而主要考虑实用性、易用性和人性化。

2. 安全可靠性原则

家具设计系统中的所有设备，在性能指标中安全性应放在首位，设计系统的安全性、可靠性必须予以高度重视。要求系统使用可靠的同时，还应符合家具设计有关的安全标准，并在正常使用的条件下有效工作，保证家具设计系统正常安全使用、质量、性能良好，在整个设计中都应贯穿安全第一的理念。

3. 标准性原则

家具设计方案应依照设计的有关标准进行，确保设计的标准性，采用标准的人体工程学参数，保证不同家具的设计依照不同的标准，确保其符合部门的标准性。

4. 方便性原则

在遵循人体工程学的同时要考虑家具在居室空间摆放的位置，并体现方便性，家具设计时，还应考虑到安装与维护的方便性，贮物柜取放物件便捷有序等，老人或者小孩的房间安装或放置家具时，都应该充分考虑到方便这一原则。家具设计系统还应具有充分的可靠性、先进性以及一定的灵活性，使之能够充分满足新时代居室空间的需要。

（三）家具设计的人体工程学应用

家具设计与人体工程学是不可分割的，没有了人体工程学就谈不上设计，设计就是为人类而服务的。人体工程学就是在认真研究人、机、环境三个要素本身特性的基础上，将使用物的人和设计的物以及人与物所共处的环境作为一个系统来研究。在这个系统中，人、物、环境三个要素之间相互作用、相互依存的关系决定着系统总体的性能，人体工程学是科学地利用三个要素间的有机联系，来寻求系统的最佳参数。家具设计的人体工程学合理运用，是设计师实现设计的首要目标，人体工程学的应用正是为了让生活更加舒适精彩，达到一个和谐理想的生活状态。

在漫长的家具发展历程中，对于家具的造型设计，特别是对人体机能的适应性方面，大多仅通过直觉来判断，或凭习惯和经验来考虑，对不同用途、不同功能的家具，没有一个客观科学的定性来作为分析和衡量的依据。例如宫廷建筑家具，不管是欧洲国王，还是中国皇帝使用的家具，虽然精雕细刻，造型复杂，但在使用上很多是不舒适的甚至是违反人体机能的。现代家具最重要的因素就是“以人为本”，基于人本性的设计开发，从机械设计走向生命设计，用产品设计开发创造新生活。

现代家具设计特别强调与人体工程学的结合，家具设计要有使用的功能，同时要具备使用过程中的舒适度。家具设计的人体工程学运用，目的是达到一个理想的生活状态。合理的家具设计，能够很好地的调节室内空间感，最大限度地调节人与空间之间的关系。

1. 尺寸

室内空间的家具尺寸起着至关重要的作用。一个家具产品，设计师在设计时将尺寸放在首要考虑范畴，先了解人体的各部分尺寸，根据人体各部分尺寸的测量数据进行设计，这样设计出来的室内空间，人在使用时才能感觉舒适。真正符合人体工程学的家具一定要注意各个部分的细节设计。国外著名设计大师对于家具设计的细节部分非常重视，这也就是“毫米效应”，在他们看来往往就是几毫米的差别会使椅子具有的舒适感千差万别。我们可以看到，数据的取值往往是在一个范围之间，如果在取值的时候产生误差，那么设计出来的家具尺度可能会出人意料，这也就是在数据的选择和测试上大师们会精益求精的原因。

2. 色彩、造型、材质

家具设计的色彩、造型、材质也是一个非常重要的问题，这些都涉及人体生理感受、心理感受，其中最重要的是心理感受。色彩、造型及所用的材质的不同，都能给人以不同的心理感受。在室内空间，这些都必须符合人体心理、生理尺度，以达到安全、实用、舒适、美观之目的。不同年龄群体房间家具的特点也不同：老年人房间的家具造型端庄、典雅、色彩深沉、图案丰富、应注意房间保暖等；青年人房间的家具造型简洁、轻盈、色彩明快、装饰美观等；儿童房间的家具色彩跳跃、造型小巧圆润、家具没有棱角、尽量给小孩留出活动空间等。室内空间中造型设计、材料的选用及搭配、装饰纹样、色彩图案等则更多地考虑了人的心理需要。家具材质的软硬、色彩的冷暖、装饰的繁简等都会引起人们强烈的心理反应。

3.家具的功能界面

家具的功能界面是指家具中直接承担该家具功能任务的界面，也是与人和物发生直接接触的界面。家具的功能界面能否根据人体工程学的要求进行合理设计，直接影响到家具功能的完整性和有效性。

根据家具的功能类型，可以将家具的功能界面分为：坐类家具功能界面、卧类家具功能界面、凭倚类家具功能界面、储存类家具功能界面四个大类。具体来说主要包括：坐面曲度和倾斜度、坐具靠背、坐（靠）垫弹性、扶手、床面和床垫、桌面与工作台面、存储物品的隔板，以及与人接触的门板、抽屉面板、拉手等。

现代家具早已超越了单纯实用的需求层面，设计师进一步以科学的观点，研究家具与人体心理机能和生理机能的相互关系，在对人体的构造、尺度、体感、动作、心理等人体机能特征的充分理解和研究的基础上来进行系统化设计。

家具设计是一种创作活动，它必须依据人体尺度及使用要求，将技术与艺术诸要素加以完美的综合。家具的服务对象是人，因此家具设计的首要因素是符合人的生理机能和满足人的心理需求。

二、人体基本数据

（一）人体基本知识

家具设计要研究家具与人体的关系，所以了解人体的构造及构成人体活动的主要组织系统是设计师必不可少的工作。

人体是由骨骼系统、肌肉系统、消化系统、血液循环系统、呼吸系统、泌尿系统、内分泌系统、神经系统、感觉系统等组成。这些系统像一台机器那样互相配合、相互制约地共同维持着人的生命和完成人体的活动，在这些组织系统中与家具设计有密切关联的是骨骼系统、肌肉系统、感觉系统和神经系统。

骨骼系统：骨骼是人体的支架，是家具设计测定人体比例、人体尺度的基本依据。骨骼中骨与骨的连接处产生关节，人体通过不同类型和形状的关节进行着屈伸、回旋等各种不同的动作，由这些局部的动作组合形成人体各种姿态。家具要适应人体活动及承托人体动作的姿态，就必须研究人体各种姿态下的骨关节运动与家具的关系。

肌肉系统：肌肉的收缩和舒展支配着骨骼和关节的运动。人体在保持一种姿态不变的情况下，肌肉处于长期的紧张状态而极易产生疲劳，因此人们需要经常变换活动的姿态，使各部分的肌肉收缩得以轮换休息；另外肌肉的营养是靠血液循环来维持的，如果血液循环受到压迫而阻断，肌肉的活动就将产生障碍。因此家具设计中，特别是坐卧性家具，要研究家具与人体肌肉承压面的关系。人体不同姿势，受力的肌肉是不同的。（图1-77）

神经系统：人体各器官系统的活动都是在神经系统的支配下，通过神经体液调节而实现的。神经系统的主要部分是脑和脊髓，它和人体的各个部分发生紧密的联系，以反射为基本活动的方式，调节人体的各种活动。

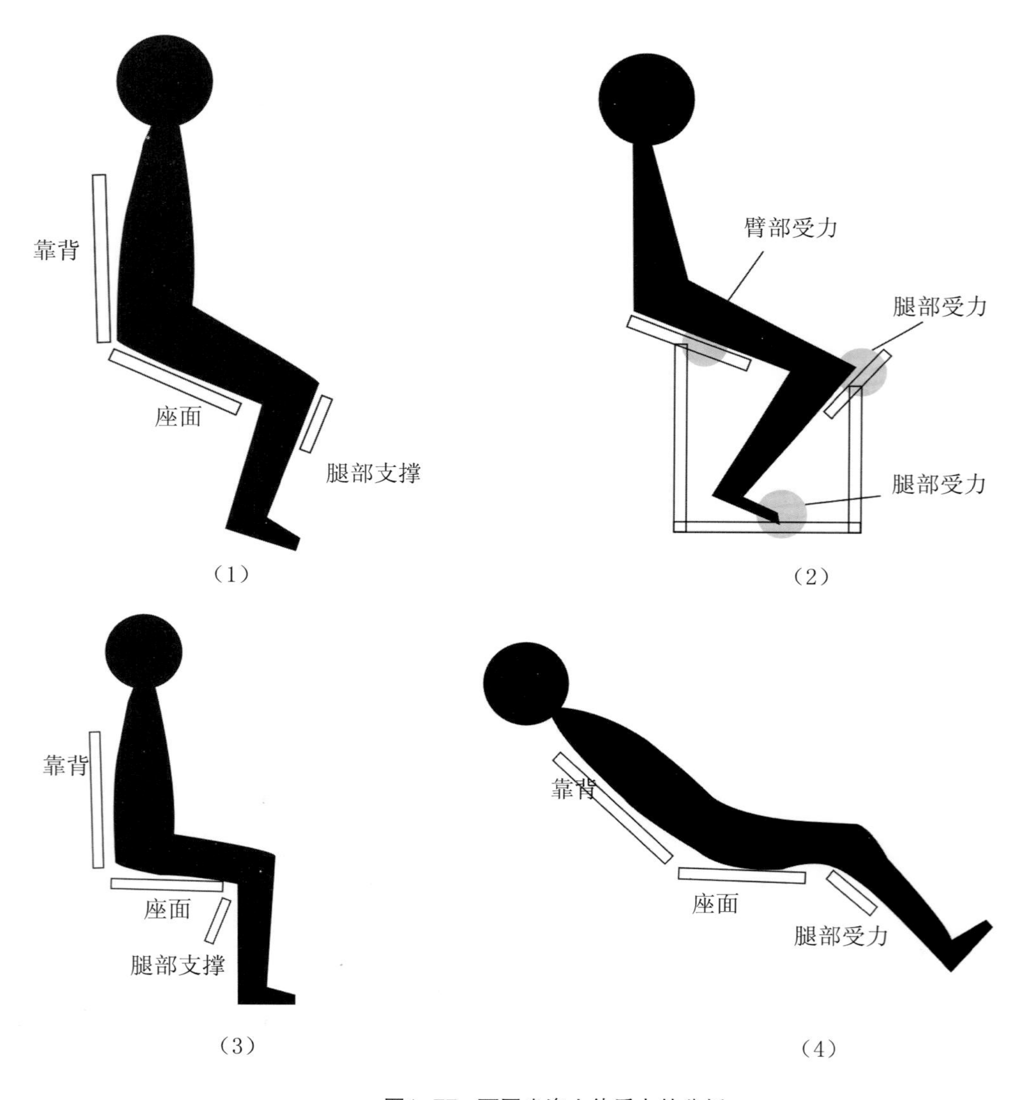

图1-77　不同坐姿人体受力的分析

感觉系统：激发神经系统起支配人体活动的机构是人的感觉系统。人们通过视觉、听觉、触觉、嗅觉、味觉等感觉系统所接受到的各种信息，刺激传达到大脑，然后由大脑发出指令，由神经系统传递到肌肉系统，产生反射式的行为活动。

（二）人体基本动作

人体的动作形态是相当复杂而又变化万千的，坐、卧、立、蹲、跳、旋转、行走等不同形态具有不同尺度和不同的空间需求。从家具设计的角度来看，合理地依据人体一定姿态下的肌肉、骨骼的结构来设计家具，能调整人的体力损耗、减少肌肉的疲劳，从而极大地提高工作效率。因此在家具设计中对人体动作的研究显得十分必要。与家具设计密切相关的人体动作主要是立、坐、卧。

立：人体站立是一种最基本的自然姿态，是由骨骼和无数关节支撑而成。当人直立进行各种活动时，由于人体的骨骼结构和骨肉运动时处在变换和调节状态中，所以人们可以做较大幅度的活动和较长时间的工作，如果人体活动长期处于一种单一的行为和动作时，他的一部分关节和肌肉就长期处于紧张状态，就极易感到疲劳。人体在站立活动中，活动变化最少的应属腰椎及其附属的肌肉部分，因此人的腰部最易感到疲劳，这就需要人们经常活动腰部和改变站姿态。

坐：当人体站立过久时，就需要坐下来休息，另外人们的活动和工作也有相当大的部分是坐着进行的，因此需要更多地研究人坐着活动时骨骼和肌肉的关系。

人体的躯干结构支撑上部身体重量和保护内脏不受压迫，当人坐下时，由于骨盆与脊椎的关系推动了原有直立姿态时的腿骨支撑关系，人体的躯干结构就不能保持平衡，人体必须依靠适当的坐平面和靠背倾斜面来得到支撑和保持躯干的平衡，使人体骨骼、肌肉在人坐下来时能获得合理的松弛，为此人们设计了各类坐具以满足坐姿状态下的各种使用活动。

卧：卧的姿态是人希望得到最好的休息状态，不管站立和坐，人的脊椎骨骼和骨肉总是受到压迫和处于一定的收缩状态，卧的姿态，才能使脊椎骨骼的受压状态得到真正的松弛，从而得到最好的休息。因此从人体骨骼肌肉结构的观点来看，卧不能看作为站立姿态的横倒，其所处动作姿态的腰椎形态位置是完全不一样的，只有把卧作为特殊的动作形态来认识，才能理解卧的意义。卧的姿势相同时，如果床垫的软硬程度不同，人体的肌肉受力也是不同的。（图1–78）

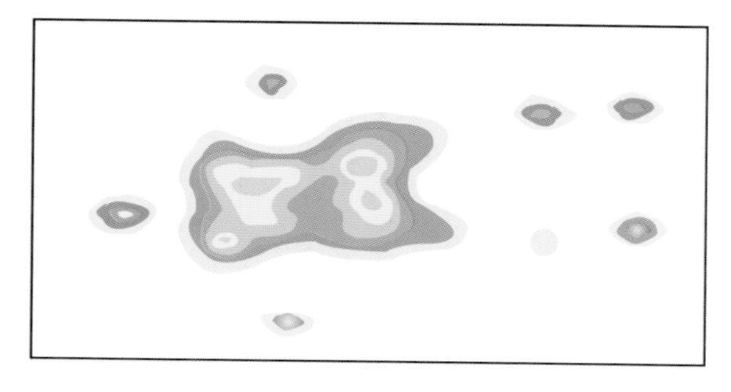
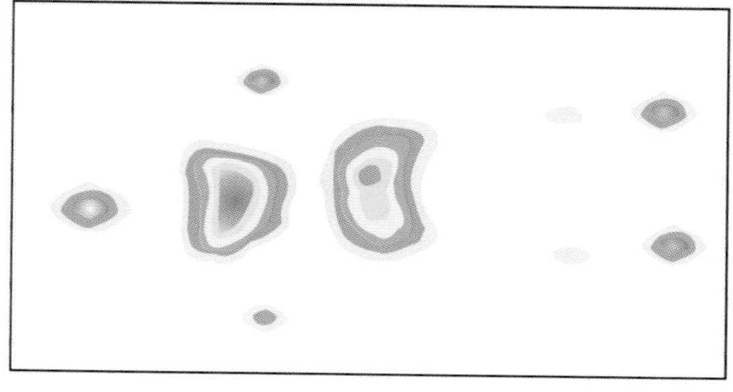

图1–78　不同坐姿人的体压分布

（三）人体尺度

家具设计最主要的依据是人体尺度，如人体站立的基本高度和伸手最大的活动范围，坐姿时的下腿高度和上腿的长度及上身的活动范围，睡姿时的人体宽度、长度及翻身的范围等都与家具尺寸有着密切的关系。因此学习家具设计，首先必须了解人体各部位固有的基本尺度。

在我国，由于幅员辽阔，人口众多，人体尺度随年龄、性别、地区的不同而有所不同，随着时代的进步、人们生活水平的提高，人体尺度也在发生变化，因此我们只能采用平均值作为设计时的相对尺度依据，而且也不可能依此做绝对标准尺度。尺度对人体是否合理是相对的，一个家具服务的对象是多元的，一张座椅的适用对象可能是身高较高的，也可能是身高较矮的。

下表是1962年中国建筑科学研究院发表的“人体尺度的研究”中有关我国人体的测量值，可作为家具设计的参考。

表1–1　我国部分地区人体各部分平均尺寸（单位：mm）

编号	部　位	较高地区（冀、鲁、辽）		中等地区（长江三角洲）		较低地区	
		男	女	男	女	男	女
A	人体高度	1690	1580	1670	1560	1630	1530
B	肩宽度	420	387	415	397	414	386
C	肩峰对头顶高度	293	285	291	282	285	269
D	正立时眼的高度	1573	1474	1547	1143	1512	1420
E	正坐时眼的高度	1203	1140	1181	1110	1144	1078
F	胸廓前后径	200	200	201	203	205	220
G	上臂长度	308	291	310	293	307	289
H	前臂长度	238	220	238	220	245	220
I	手长度	196	184	192	178	190	178
J	肩峰高度	1397	1295	1379	1278	1345	1261
K	1/2（上肢展开全长）	867	795	843	787	848	791
L	上身高度	600	561	586	546	565	524
M	臀部宽度	307	307	309	319	311	320
N	肚脐宽度	992	948	983	925	980	920
O	指尖至地面高度	633	612	616	590	606	575
P	上腿长度	415	395	409	379	403	378
Q	下腿长度	397	373	392	369	391	365
R	脚高度	68	63	68	67	67	65
S	坐高	893	846	877	825	850	793
T	腓骨头的高度	414	390	407	382	402	382
U	大腿水平长度	450	435	445	425	443	422
V	肘下尺	243	240	239	230	220	216

（四）人体生理机能与家具的关系

在家具设计中对人体生理机能的研究是促使家具设计更具科学性的重要手段。根据人体活动及相关的姿态，人们设计生产了相应的家具，我们将其分类为坐卧类家具、凭倚类家具及贮藏类家具。

1.坐卧类家具

按照人们日常生活的行为，人体动作姿态可以归纳为从立姿到卧姿的不同态势，其中坐与卧是人们日常生活中占有的最多动作姿态，如工作、学习、用餐、休息等都是在坐卧状态下进行的，因此坐卧家具与人体生理机能关系的研究就显得特别重要。

坐卧家具的基本功能是满足人们坐得舒服、睡得安宁、减少疲劳和提高工作效率。这四个基本功能要求中，最关键的是减少疲劳，如果在家具设计中，通过对人体的尺度、骨骼和肌肉关系的研究，使设计的家具在支撑人体动作时，将人体的疲劳度降到最低状态，也就能得到最舒服的最安宁的感觉，同时也可保持最高的工作效率。

然而形成疲劳的原因很复杂，但主要是来自肌肉和韧带的收缩运动。肌肉和韧带处于长时间的收缩状态时，人体就需要给这部分肌肉持续供给养料，如供养不足，人体的部分机体就会感到疲劳。因此在设计坐卧性家具时，就必须考虑人体生理特点，使骨骼、肌肉结构保持合理状态，血液循环与神经组织不过分受压，尽量设法减少和消除产生疲劳的各种条件。

（1）坐具的基本尺度与要求

①座高：座高是指坐具的座面与地面的垂直距离，椅子的座高由于椅坐面常向后倾斜，通常将前座面高作为椅子的座高。

座高是影响坐姿舒适程度的重要因素之一，座面高度不合理会导致不正确的坐姿，并且座的时间稍久，就会使人体腰部产生疲劳感。我们通过对人体座在不同高度的凳子上，其腰椎活动度的测定，可以看出凳高为400mm时，腰椎的活动度最高，即疲劳感最强；其他高度的凳子，其人体腰椎的活动度下降，随之舒适度增大。这就意味着凳子（在没有靠背的情况下）看起来座高适中的（400mm高）而腰部活动最强。实际生活中人们喜欢座矮板凳从事活动的道理就在于此，人们在酒吧间座高凳活动的道理也相同。

对于有靠背的座椅，其座高就不宜过高，也不宜过低，它与人体在座面上的体压分布有关。座高不同的椅面，其体压分布也不同，所以座高是影响坐姿舒适的重要因素。座椅面是人体坐姿时承受臀部和大腿的主要承受面。座面过高，两足不能落地，使大腿前半部近膝窝处软组织受压，久座时，血液循环不畅，肌腱就会发胀而麻木；座面过低，则大腿碰不到椅面，体压过于集中在座骨节点上，时间久了会产生疼痛感。另外座面过低，人体形成前屈姿态，从而增大了背部肌肉的活动强度，而且重心过低，使人起立时感到困难。因此设计时必须寻求合理的座高与体压分布。根据座椅面体压分布情况来分析，座高应略小于座者小腿脚窝到地面的垂直距离，即座高等于小腿轻微受压，小腿有一定的活动余地。但理想的设计与实际使用有一定差异，一张座椅可能为男女高矮不等的人所使用，因

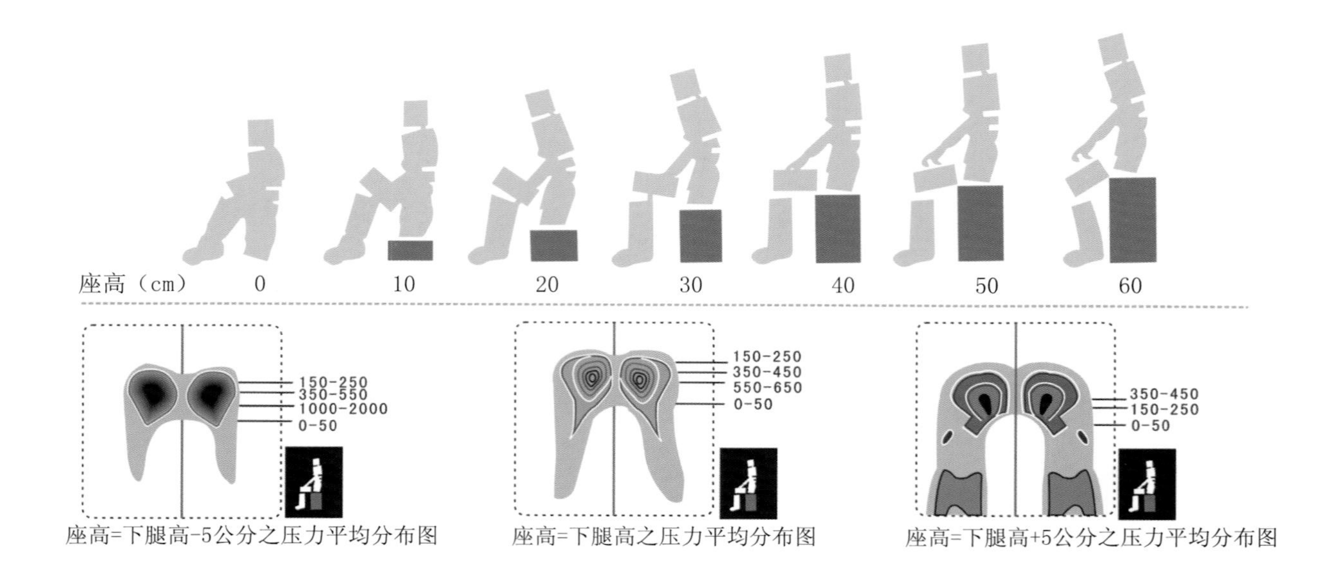

图1-79　大腿与臀部因座高体压受力分布状况图

此只能取用平均适中的数据来确定较优的合适坐高。（图1-79）

②座深：主要是指座面的前沿至后沿的距离。座深的深度对人体坐姿的舒适影响也很大。如坐面过深，超过大腿水平长度，人体挨上靠背将有很大的倾斜度，而腰部缺乏支撑点而悬空，加剧了腰部的肌肉活动强度而致使疲劳产生；同时座面过深，使膝窝处产生麻木的反应，并且也难以走立。

因此座椅设计中，座面深度要适中，通常座深应小于人坐姿时大腿的水平长度，使座面前沿离开小腿有一定的距离，保证小腿一定的活动自由。根据人体尺度，我国人体坐姿的大腿水平长度平均：男性为445mm，女性为425mm，然后保证座面前沿离开膝窝一定的距离约60mm，这样，一般情况下座深尺寸在380～420mm之间。对于普通工作椅来说，由于工作人体腰椎与骨盆之间成垂直状态，所以其座深可以浅一点。而作为休息的靠椅，因其腰椎与骨盆的状态呈倾斜钝角状，故休息椅的座深可设计得略为深一些。（图1-80）

③座宽：椅子座面的宽度根据人的坐姿及动作，往往呈前宽后窄的形状，座面的前沿宽度称坐前宽，后沿宽度称坐后宽。

座椅的宽度应使臀部得到全部支撑并有适当的活动余地，便于人体坐姿的变换和高度一般座宽不小于380mm，对于有扶手的靠椅来说，要考虑人体手臂的扶靠，以扶手的内宽来作为座宽的尺寸，按人体平均肩宽尺寸加一适当的余量，一般不小于460mm，但也不宜过宽以自然垂臂的舒适姿态肩宽为准。

④座面倾斜度：从人体坐姿及其动作的关系分析，人在休息时，人的坐姿是向后倾靠，使腰椎有所承托。因此一般的座面大部分设计成向后倾斜，其人斜角度为3°～5°，相对的椅背也向后倾斜。而一般的工作椅则不希望座面有向后的倾斜度，因为人体工作时，其腰椎

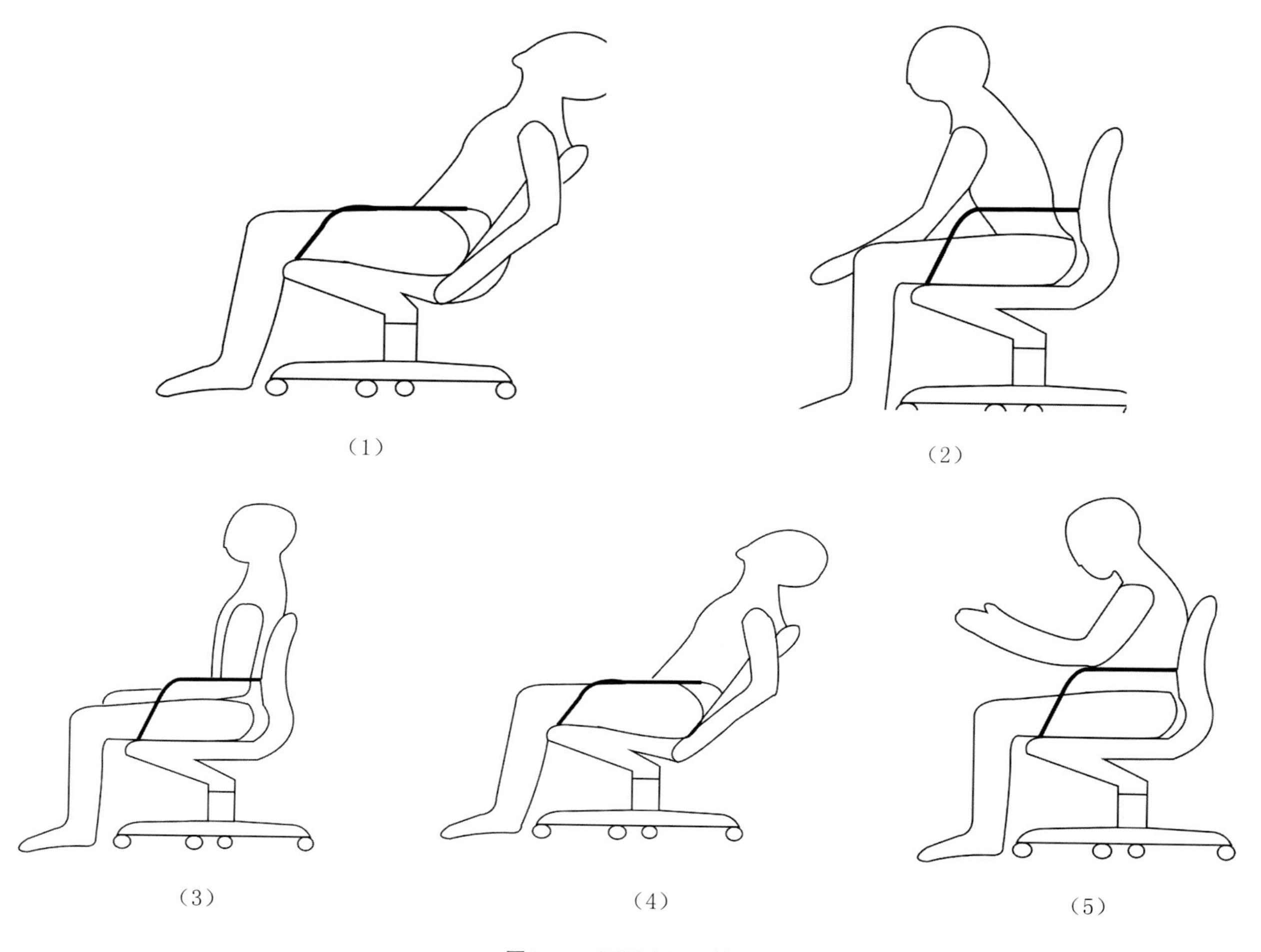

图1-80　不同坐深人体的坐姿

及骨盘处于垂直状态，甚至还有前倾的要求，如果使用有向后倾斜面的座椅，反而增加了人体力图保持重心向前时肌肉和韧带收缩的力度，极易引起疲劳。因此一般工作椅的座面以水平为好，甚至可考虑椅面向前倾斜的设计，如通常使用的绘图凳面是身前倾斜的。

⑤椅靠背：前面坐凳高度测试曾提到人坐于半高的凳上（400～450mm），腰部肌肉的活动强度最大，最易疲劳，而这一座高正是我们坐具设计中用得最普遍的，因此要改变腰部疲劳的状况，就必须设置靠背来弥补这一缺陷。

椅靠背的作用就是使躯干得到充分的支承，特别是人体腰椎（活动强度最大部分）获得舒适的支承面，因此椅靠背的形状基本上与人体坐姿时的脊椎形状相吻，靠背的高度一般上沿不宜高于肩胛骨。对于专供操作的工作用椅，椅靠背要低，一般支持位置在上腰凹部第二腰椎处。这样人体上肢前后左右可以较自由地活动，同时又便于腰关节的自由转动。

⑥扶手高度：休息椅和部分工作椅需要设有扶手，其作用是减轻两臂的疲劳。扶手的高度应与人体坐骨结节点到上臂自然下垂的肘下端的垂直距离相近。扶手过高时两臂不能自然下垂，过低则两肘不能自然落靠，此两种情况都易使上臂引起疲劳。根据人体尺度，

扶手上表面至坐面的垂直距离为200～250mm，同时扶前端略为升高，随着座面倾角与基本靠背斜度的变化，扶手倾斜度一般为±10°～20°，而扶手在水平方向的左右偏角在±10°，一般与座面的形状吻合。

⑦座面形状：座面形状会影响到坐姿的体压分布，当座面形状与人坐姿时大腿及臀部与座面承压时形成的状态吻合时，体压分布较为合理，压力集中于坐骨支承点部分，大腿只受轻微的压力；有的坐具尽管座面外形看起来舒服，但坐上去后，体压分布显得承受面大，而且大腿的软组织部分要承受较大的压力，反而坐感不舒服。

（2）卧具的基本尺度与要求

床是供人睡眠休息的主要卧具，也是与人体接触时间最长的家具。床的基本要求是使人躺在床上能舒适地尽快入睡，并且要睡好，以达到消除一天的疲劳、恢复体力和补充工作精力的目的。因此床的设计必须考虑到床与人体生理机能的关系。

从人体骨骼肌肉结构来看，人在仰卧时，不同于人体直立时的骨骼肌肉结构。人直立时，背部和臀部凸出于腰椎有40～60mm，呈S形。而仰卧时，这部分差距减少至20～30mm，腰椎接近于伸直状态。人体起立时各部分重量在重力方向相互叠加，垂直向下，但当人躺下时，人体各部分重量相互平等垂直向下，并且由于各体块的重量不同，其各部位的下沉量也不同，因此床的设计好坏是能否消除人的疲劳的关键，即床的合理尺度及床的软硬度是适应支承人体卧姿、使人体处于最佳的休息状态的关键。

与座椅一样，人体在卧姿时的体压情况是决定体感舒适的主要原因之一。人体感觉迟钝的部分承受压力较大，而在人体感觉敏锐处承受的压力较小，这种体分布是比较合理的。

①卧姿人体尺度：人在睡眠时，并不是一直处于一种静止状态，而是经常辗转反侧，人的睡眠质量除了与床垫的软硬有关外，还与床的大小尺寸有关。

②床宽：床的宽窄直接影响人睡眠时翻身活动。日本学者做的试验表明，睡窄床比睡宽床的翻身次数少。当宽为500mm的床时，人睡眠翻身次数要减少30%，这是由于担心翻身掉下来的心理影响，自然也就不能熟睡。一般我们以仰卧姿势为1000mm。但试验表明，床宽自700～1300mm变化时，作为单人床使用，睡眠情况都很好。因此我们可以根据居室的实际情况，单人床的最小宽度为700mm。

③床长：为了能适应大部分人的身长需要，床的长度应以较高的人体作为标准进行设计，床的长度可按下列公式计算：　　（平均身高）　　头前余量　　脚后余量。国家标准GB3328-82规定，成人用床床面净长一律为1920mm，对于宾馆的公用床，一般脚部不设床架，便于特高人体的客人需要，可以加接脚凳。

④床高：床高即床面距地高度。一般与椅坐的高度取得一致，使床同时具有坐卧功能。另外还要考虑到人的穿衣、穿鞋等动作。一般床高在400～500mm之间。双层床的层间净高必须保证下铺使用者在就寝和起床时有足够的动作空间，但又不能过高，过高会造成上下的不便及上层空间的不足。按国家标准GB3328-82规定，双层床的底床铺面离地面高度不大于420mm，层间净高不小于950mm。

2. 凭倚类家具

凭倚性家具是人们工作和生活所必需的辅助性家具，如餐桌、写字桌、课桌、制图桌等，另有为站立活动而设置的售货柜台、账台、各种操作台等。这类家具的基本功能是适应在坐、立状态下，进行各种活动时提供相应的辅助条件，并兼作放置或贮存物品之用，因此这类家具与人体动作产生直接的尺度关系。

桌子的高度与人体动作时肌体的形状及疲劳有密切的关系。经实验测试，过高的桌子容易造成脊柱侧弯和眼睛近视，从而降低工作效率，另外桌子过高还会引起耸肩，肘低于桌面等不正确姿势而引起肌肉紧张，产生疲劳；桌子过低也会使人体脊椎弯曲扩大，造成驼背、腹部受压，妨碍呼吸运动和血液循环等弊病，背肌的紧张收缩，也易引起疲劳。因此正确的桌高应该与椅座高保持一定的尺度配合关系。设计桌高的合理方法是应先有椅座高，然后再加按人体座高比例尺寸确定的桌面与椅面的高度差，即：

桌高=座高+桌椅高差（坐姿态时上身高的1/3）

根据人体不同使用情况，椅座面与桌面的高差值可有适当的变化。如在桌面上书写时，高差=1/3坐姿上身高-（20~30mm），学校中的课桌与椅面的高差=1/3坐姿上身高-10mm。

桌椅面的高差是根据人体测量而确定的。由于人种高度的不同，该值也就不一，因此欧美等国的标准与我国的标准不同。1979年国际标准（ISO）规定桌椅面的高差值为300mm，而我国确定值为292mm（按我国男子平均身高计算）。由于桌子定型化的生产，很难定人使用，目前还没有看到男人使用的桌子和女人使用的桌子，因此这一矛盾可用升降椅面高度来弥补。我国国家标准GB3326—82规定桌面高度为700~760mm，级差为20mm，即桌面高可分别为700mm、720mm、740mm、760mm等规格。我们在实际应用时，可根据不同的使用特点酌情增减。如设计中餐用桌时，考虑到中餐进餐的方式，餐桌可略高一点；设计西餐桌，同样考虑西餐的进餐方式、使用刀叉的方便，将餐桌高度略降低一些。

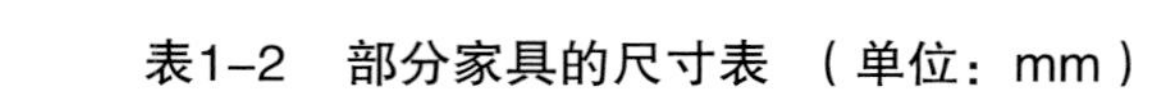

表1-2　部分家具的尺寸表　（单位：mm）

床类家具的常用尺寸主要有：					
床高度220～250（放席梦思）		总高420～450	前屏高670～720		
后屏高720～820		长度1920～2000	床宽度（直接影响人睡眠的翻身活动）		
单人床宽	800	900	1000	1200	1300
双人床宽	1350	1500	1800	2000	
其他常用家具尺寸					
衣橱	深度	推拉门	衣橱门宽度	推拉门	高度
	一般600～650	700	400～650	750～1500	1900～2400
矮柜	深度	柜门宽度			
	350～450	300～600			
电视柜	深度	高度			
	450～600	600～700			
单人床	宽度	长度			
	900，1050，1200	1800，1860，2000，2100			
双人床	宽度	长度			
	1350，1500，1800	1800，1860，2000，2100			
圆床	直径：1860，2125，2424（常用）				
室内门	宽度	高度			
	800～950	1900，2000，2100，2200，2400			
	医院1200				
厕所、厨房门	宽度	高度			
	800，900	1900，2000，2100			
窗帘盒	高度	深度			
	120～800	单层布120			
		双层布160～180（实际尺寸）			
沙发	单人式	长度800～950	深度850～900	坐垫高350～420	背高700～900
	双人式	长度1260～1500	深度800～900		
	三人式	长度1750～1960	深度800～900		
	四人式	长度2320～2520	深度800～900		
茶几	小型，长方形	长度600～750	宽度450～600	高度380～500	
	中型，长方形	长度1200～1350	宽度380～500或者600～750		
茶几	正方形	长度750～900	宽度430～500		
	大型，长方形	长度1500～1800	长度600～800	高度330～420（330最佳）	
	圆形	直径750，900，1050，1200	高度330～420		
	方形	宽度900，1050，1200，1350，1500	高度330～420		
书桌	固定式	深度450～700（600最佳）	高度750		
	活动式	深度650～800	高度750～780书桌下缘离地至少580	长度最少900（1500～1800最佳）	
餐桌	高度750～780（一般）	西式高度680～720	一般方桌宽度1200，900，750	长方桌宽度80，900，1050，1200	
	长度：1500，1650，1800，2100，2400				
圆桌	直径900，1200，1350，1500，1800				
书架	深度250～400（每一格）	长度600～1200	下大上小型下方深度350～450	高度800～900	
	活动未及顶高柜	深度450	高度1800～2000		
木隔间墙厚	60～100	内角材排距	长度（450～600）×900		

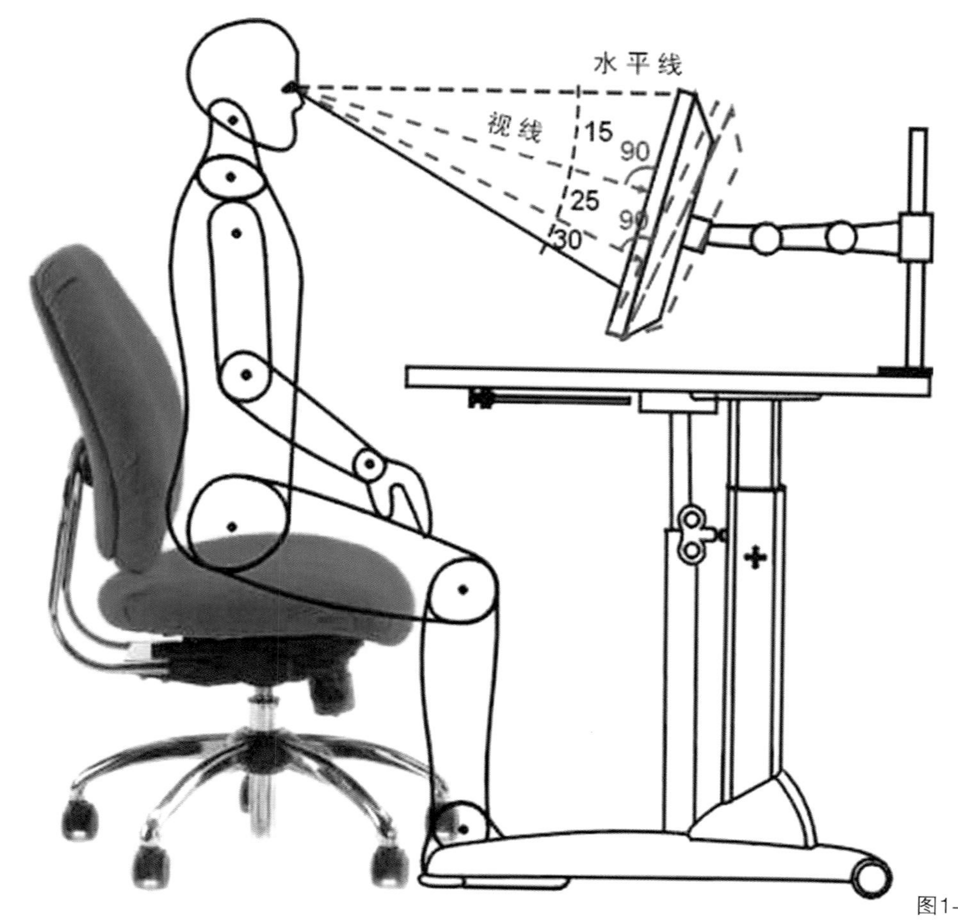

图1-81　符合人体工程学的正确坐姿

桌面的宽度和深度应以人坐姿时手可达的水平工作范围，以及桌面可能置放物品的类型依据。如果是多功能的或工作时需配备其他物品、书籍时，还要在桌面上增添附加装置，对于阅览桌、课桌类的桌面，最好有约15°的倾斜，能使人获得舒适的视域和保持人体正确的姿势（图1-81），但在倾斜的桌面上除了书籍、薄本外，其他物品就不易陈放。

国家标准GB3226—82规定：

双柜写字台宽为：1200～1400mm；深为：600～750mm；

单柜写字台宽为：900～1200mm；深为：510～600mm；

宽度级差为100mm；深度级差为50mm；一般批量生产的单件产品均按标准选定尺寸，但对组合柜中的写字台和特殊用途的台面尺寸，不受此限制。

餐桌与会议桌的桌面尺寸以人均占周边长为准进行设计。一般人均占桌周边长为550～580mm，较舒适的长度为600～750mm。

为保证坐姿时下肢能在桌下设置与活动，桌面下的净空高度应高于双腿交叉叠起进的膝高，并使膝上部留有一定的活动余地。如有抽屉的桌子，抽屉不能做得太厚，桌面至抽屉底的距离不应超过桌椅高差的1/2，即120～150mm，也就是说桌子抽屉下沿距椅座面至少应有172～150mm的净空。国家标准

GB3326—82规定，桌子空间净高大于580mm，净宽大于520mm。

立式用桌主要指售货柜台、营业柜台、讲台、服务台及各种工作台等。站立时使用的台桌高度是根据人体站立姿势的屈臂自然垂下的肘高来确定的。按我国人体的平均身高，站立用台桌高度以910～965mm为宜。若需要用力工作的操作台，其桌面可以稍降低20～50mm，甚至更低一些。

立式用桌的桌面尺寸主要由所城的表面尺寸和表面放置物品状况及室内空间和布置形式而定，没有统一的规定，视不同的使用功能做专门设计。

立式用桌的桌台下部不需留出容膝空间，因此桌台的下部通常可作贮藏柜用，但立式桌台的底部需要设置容足空间，以利于人体靠紧台桌的动作之需。这个容足空间是内凹的，高度为80mm，深度在50～100mm。

3. 贮藏类家具

贮藏家具是收藏、整理日常生活中的器物、衣物、消费品、书籍等的家具。根据存放物品的不同，可分为柜类和架类两种不同贮存方式。柜类贮存方式主要有大衣柜、小衣柜、壁柜、被褥柜、书柜、床头柜、陈列柜、酒柜等；而架类贮存方式主要有书架、食品架、陈列架、衣帽架等。贮存类家具的功能设计必须考虑人与物两方面的关系；一方面要求贮存空间划分合理，方便人们存取，有利于减少人体疲劳；另一方面又要求家具贮存方式合理，贮存数量充分，满足存放条件。

为了正确确定柜、架、搁板的高度及合理分配空间，首先必须了解人体所能及的动作范围。

站立时上臂伸出的取物高度，以1900mm为界线，再高就要站在凳子上存取物品，是经常存取和偶然存取的分界线。

站立时伸臂存取物品较舒适的高度，1750～1800mm可以作为经常伸臂使用的挂棒或搁板的高度。

视平线高度，1500mm是存取物品最舒适的区域。

站立取物比较舒适的范围，600~1200mm高度，但已受视线影响及需局部弯腰存取物品。

下蹲伸手存取物品的高度，650mm可作经常存取物品的下限高度。

有炊事案桌的情况下存取物品的使用尺度，存贮柜高度尺寸要相应降低200mm。

根据上述动作分析，家庭橱柜应适应女性使用要求。我国的国家标准规定柜高限度在1850mm，在1850mm以下的范围内，根据人体动作行为和使用的舒适性及方便性，再可划分为二个区域。第一区域为以人肩为轴，上肢半径活动的范围，高度定在650～1850mm，是存取物品最方便、使用频率最多的区域，也是人的视线最易看到的视域。第二区域为从地面至人站立时手臂下垂指尖的垂直距离，即650mm以下的区域，该区域存贮不便，人必须蹲下操作，一般存放较重而不常用的物品。若需扩大贮存空间，节约占地面积，则可设置第三区域，即橱柜的上空1850mm上的区域。一般可叠放柜架，存放较轻的过季性物品（如棉絮等）。在上述贮存区域内根据人体动作范围及贮存物品的种类可以设置搁板、抽屉、挂衣棍等。在设置搁板时，搁板的深度和间距除考虑物品存放方式及物体的尺寸外，还需考虑人的视线，搁板间距越大，人的视域越好，但空间浪费较多，所以设计时要统筹安排。

至于橱、柜、架等贮存性家具的深度和宽度，是由存放物的种类、数量、存放方式以及室内空间的布局等因素来确定，在一定程度上还取决于板材尺寸的合理裁割及家具设计系列的模数化。

贮存性家具除了考虑与人体尺度的关系外，还必须研究存放物品的类别与方式，这对确定贮存性家具的尺寸和形式起重要作用。

一个家庭中的生活用品是极其丰富多彩的，从衣服鞋帽到床上用品，从主副食品到烹饪器具、各类器皿，从书报期刊到文化娱乐用品，以及其他日杂用品，这么多的生活用品，尺寸不一，形体各异，要力求做到有条不紊，分门别类地存放，促成生活安排的条理化，从而达到优化室内环境的作用。

电视机、组合音响、家用电器等也已成为家庭必备的用具设备，它们与陈放和贮存性家具也有密切的关系，一些大型的电气设备如洗衣机、电冰箱等是独立落地放置的，但在布局上尽量与橱柜等家具组合设置，使室内空间取得整齐划一的效果。

针对这么多的物品种类和不同尺寸，贮存家具不可能制作得如此琐碎，只能分门别类地合理确定设计的尺度范围。根据我国国家标准GB3327-82对柜类家具的某些尺寸作如表1-3限定。

表1-3　部分柜类家具尺寸（单位：mm）

类别	限定内容	尺寸范围	级差
衣柜	宽	>500	50
	挂衣棒下沿至底板	>850	
	表面的距离	>1350	
		>450	
	顶层抽屉上沿离地面	<1250	
	底层抽屉下沿离地面	>60	
	抽屉深	400-500	
书柜	宽	150-900	50
	深	300-400	10
	高	1200	50
	层高	1800	
		>220	
文件柜	宽	900-1050	50
	深	400-450	10
	高	1800	

第二章　家具材料与结构

家具的材料种类丰富，比较常见的有木材、金属、塑料、玻璃、竹子、布艺、皮革、藤材等，本章将简要介绍上述材料的性能。表2–1介绍了不同材料的密度。

表2–1　常规家具材料的密度

材料名称		密度（g/cm）	材料名称		密度（g/cm）
木材	软木类	0.3 ~ 0.5	纤维板	硬质	≥0.8
	普通类	0.5 ~ 0.8		中密度	0.65 ~ 0.8
	硬木类	0.8 ~ 1.1	刨花板	普通	0.55 ~ 0.8
胶合板		0.6 ~ 0.7		密度高	≥0.8
细木工板		0.5 ~ 0.7	竹材		0.6 ~ 0.8
软木板		0.13	秸秆压密杆		0.36
铜		0.9	钢		7.85
铝合金		2.7	锌		7.14
普通玻璃		2.3	聚氯乙烯		0.5 ~ 0.8
钢化玻璃		2.5	聚乙烯塑料	低密度	0.91 ~ 0.94
聚酯纤维玻璃		1.62		高密度	0.94 ~ 0.97
有机玻璃		1.19	泡沫塑料		0.016
刚性泡沫玻璃		1.28 ~ 1.36	毛毡（含黄麻纤维）		0.12

第一节　实木家具

一、概述

木材是一种非常重要的家具材料，尤其是在中国，受到传统文化的影响，中国人对实木家具有着特殊的爱好。在我国的家具史上有着很长很长的一段历史是使用实木家具，这和中国人有亲木的习性有一定的关系。

木材来源于树木，而树木又可以分为针叶树材和阔叶树材。针叶树一般树干比较高大，纹理顺直、材质均匀，热胀冷缩、吸水系数小，材质较软，如红松、华山松、马尾松、樟子松、柏木、杉木等。阔叶树干较短，易于开裂，但是纹理和色彩变化丰富，如水曲柳、榆木、樟木、桃楸、榉木、柚木等。

巴西檀木
凡尔赛灰松
黑檀
加拿大黄枫
经典柚木
龙眼
毛榄仁木
美国红樱桃
瑞典黄榆
三拼金象木
双拼相桃
双拼柚木
松木
泰国柚木
桃花芯木
乌金木
相思杨槐
柚木
榆木拼条
紫檀

图2-1 部分木材的纹理

二、木材的性能

（一）优点

（1）强度大。

（2）质量轻。

（3）美观：因为木材有着天然的年轮，而且不同树种有着不同的造型，并且可以因年轮经锯割方向的不同而形成不同各种不同的纹理。（图2-2至图2-4）

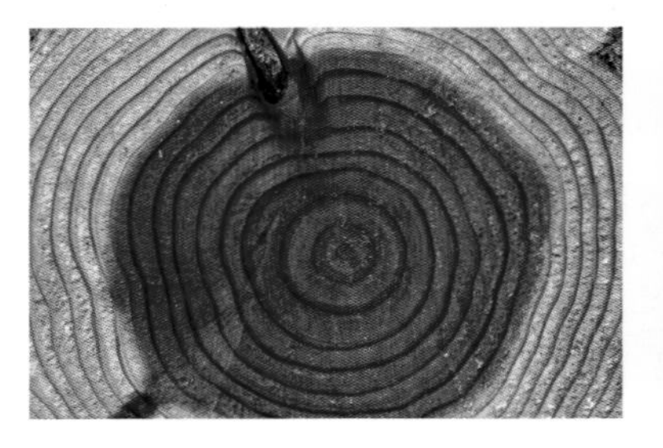

图2-2　年轮1

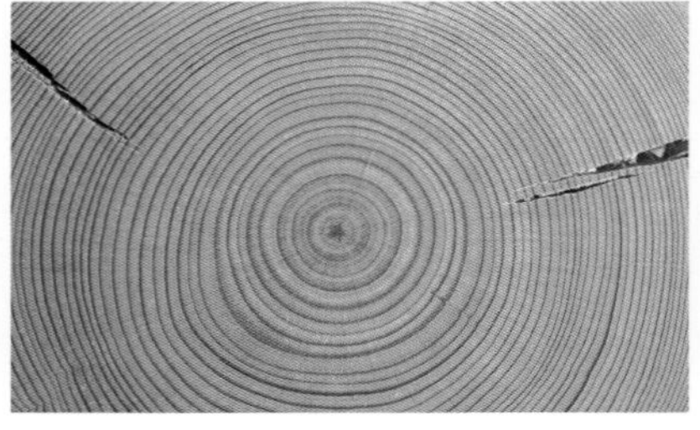

图2-3　年轮2

图2-4　年轮3

（4）亲人：在人与环境的和谐关系和崇尚大自然的角度来说，视觉上与钢筋、混凝土相比，木材更容易拉进与人的视觉距离。

（5）容易加工：木材的密度并不大，既可以使用手工加工，也可以使用机器加工。

（6）隔音效果好：许多场合都需要隔音比较好的材料来保持相对的安静，而木材由于其纤维结构和细胞内部生成的气孔，所以隔声的效果很好。

（二）缺点

（1）很容易腐朽。

（2）容易被虫蛀。

（3）容易变形。

（三）技术条件

（1）材质结构细致，材色悦目，纹理美观。

（2）弯曲性能良好。

（3）胀缩性和翘曲变形性小。

（4）容易改造并且切削性能比较良好。

（5）染色、胶接、油漆性能不错等。

家具外部的选材应该选择质量较硬、纹理美观的阔叶树材，主要有水曲柳、榆木、桦木、色木、柞木、麻栎、黄菠萝、楸木、梓木、桦木、柚木、紫桩、柳桉等。家具内部可以用材质相对较松，材色和纹理不明显的树材，如红松、本松、锻木、杉木等。

三、木材的规格

比较常见的家具木材主要有板材、方材、薄木、曲木和人造板材。在通常情况下，材料的宽度为厚度的3倍或者3倍以上的称为板材，而宽度与厚度的比例小于3：1的称为方材。薄木的厚度则在0.1～3mm之间。

我们所用的家具生产过程中，时常会遇到制造各种曲线形的零部件，而这些就需要曲木了。曲木的主要加工方式可分为两种。一种是锯制加工，用较大的木材按照自己所想要的曲线加以锯割而形成。这种加工而成的曲木有着不少的缺点：木材纹理被隔断导致了强度的降低、浪费的木材过多、加工复杂和锯割面的涂饰质量也比较差，因此现在这种加工方式已经很少有人去采用了。另一种加工方式就是曲木弯制方法，通常用的有实木弯曲和薄木胶合弯曲两种加工方法。人造板的生产也能大大提高了木材的利用率，在规避木材的一些性能的缺点同时可以做到幅面大、质地均匀、变形小、强度大、便于二次加工等优点。在我们生活中最常见到的一般是胶合板、刨花板、纤维板、细木工板等。

四、实木家具的结构

榫卯结构在中国的运用具有悠久的历史，是中国船木、红木家具的一大特色。许多明清时期的家具距今已几百年的历史了，虽略显陈旧，但家具整体的结构仍然完好如初，其中，榫卯结构可是功不可没的。

传统家具各连接部位，全部以榫卯相接，不仅严谨、牢固，还有装饰作用。榫卯结构的种类很多，就其使用的部位、功能和形态而言，大体可分为明榫、暗榫、套榫、夹头榫、插肩榫、抱肩榫、钩挂榫、燕尾榫、楔钉榫及走马销等。

榫卯结构是实木家具中通常在相连接的两构件上采用一种凹凸处理的接合方式。凸出部分叫榫（或榫头）；凹进部分叫卯（或榫眼、榫槽）。榫卯结构起源非常早，距今约7000年前的浙江余姚河姆渡文化遗址属于新石器时代，就发掘出了大量的结合完好的多种式样的榫卯结构遗物，可以说是我国木构技术史上一件伟大的发明。

我国家具把各个部件连接起来的榫卯做法，是家具造型的主要结构方式。各种榫卯做法不同，应用范围不同，中国木结构建筑和家具中榫卯一直在广泛应用，但二者技术层面上侧重不同，建筑上侧重结构稳定，因为榫卯结构在几个方向都可以开卯口，可以兼顾结合在同一点上不同方向的受力，合拢时成为一个高强度的完美的整体。家具中的榫卯结构则成就了中国含蓄内敛的审美观，接合处由于有略微松动的余地，当无数榫卯组合在一起时就会出现极其复杂而微妙的平衡，除了木材延展力外，主要是由于一个个的榫卯富有韧性，不致发生断裂。

明榫：制作好家具之后，在家具的表面能看到榫头的称为明榫。明榫多用在桌案板面的四框和柜子的门框处。（图2-5、图2-6）

暗榫：制作好家具之后，在家具的表面不能看到榫头的称为暗榫，也称“闷榫”。暗榫的形式多种多样，就直材角结合而言，就有单闷榫和双闷榫之分。明式太师椅和靠椅的椅背搭脑和扶手的转角处常用暗榫。（图2-7）

燕尾榫：相传为鲁班发明，被后世尊称为“万榫之母”，是明清家具中不可缺少的榫卯连接法。燕尾榫是指两块平板直角相接时，为了防止受拉力时脱开，将榫头做成梯台形，形似燕尾，故名燕尾榫。（图2-8、图2-9）

楔钉榫：是用来连接弧形弯材的常用榫卯结构，它把弧形材截割成上下两片，将这两片的榫头交搭，同时让榫头上的小舌入槽，使其不能上下移动。然后在搭扣中部剔凿方孔，将一枚断面为方形，一边稍粗，一边稍细的楔钉插贯穿过去，使其不能左右移动。圈椅、皇宫椅的扶手一般都是使用楔钉榫。（图2-10）

套榫：明清家具椅子搭脑与腿料连接时不用夹头榫，而是将腿料做成方形出榫，搭脑也相应地挖成方形榫眼，然后将二者套接，这类榫卯结构称为套榫。（图2-11）

抱肩榫：这种榫卯结构常用在束腰家具的腿足与束腰、牙条相结合处。抱肩榫常采用45°斜肩，并凿三角形榫眼，嵌入的牙条与腿足构成同一层面。从外形看，此榫的断面是半个银锭形的“挂销”，与开在牙条背面的槽口套挂，从而使束腰及牙条结实稳定。（图2-12）

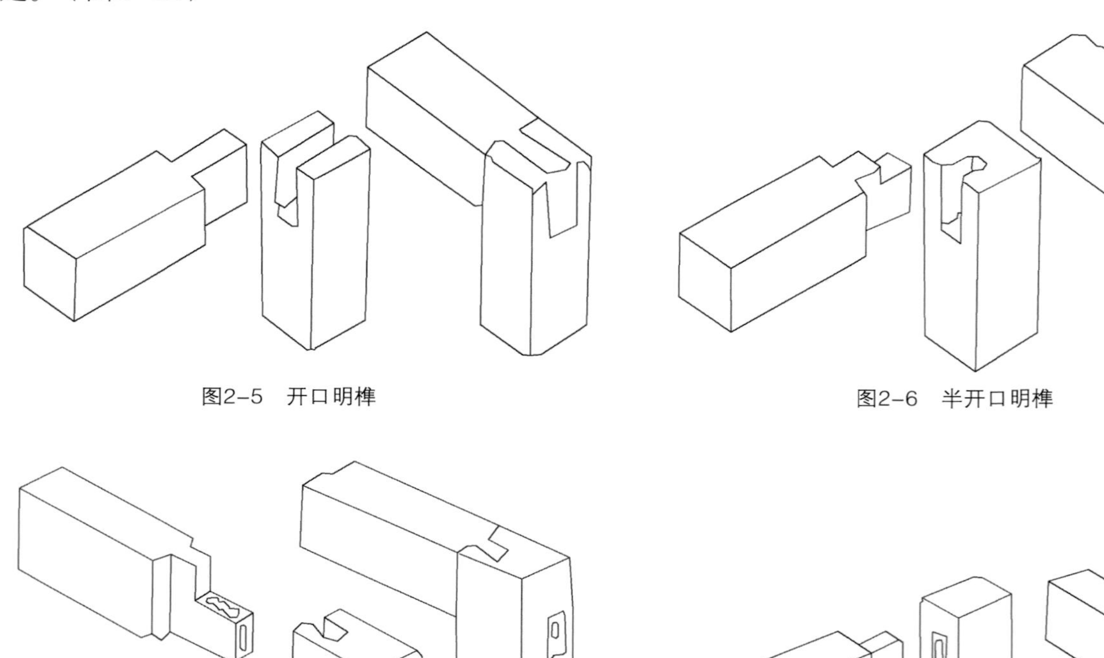

图2-5　开口明榫

图2-6　半开口明榫

图2-7　开口暗榫

图2-8　明燕尾榫

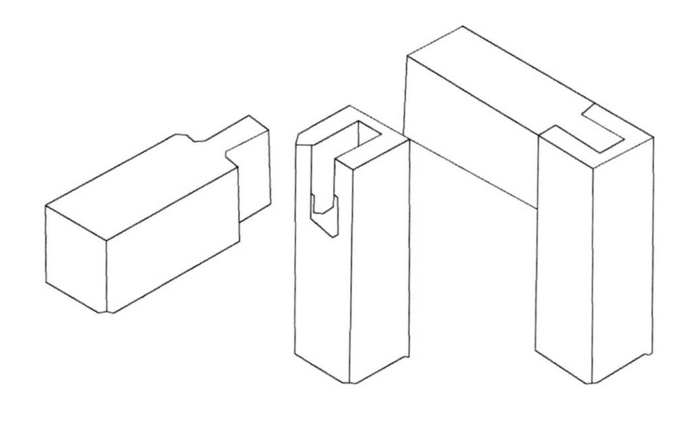

图2-9 开口燕尾榫

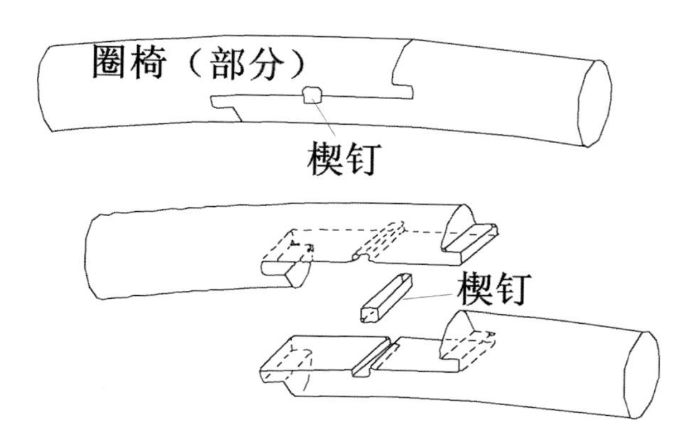

图2-10 楔钉榫

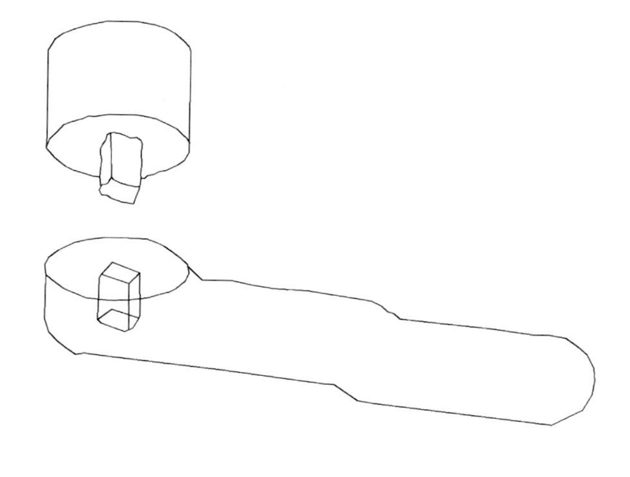

图2-11 套榫

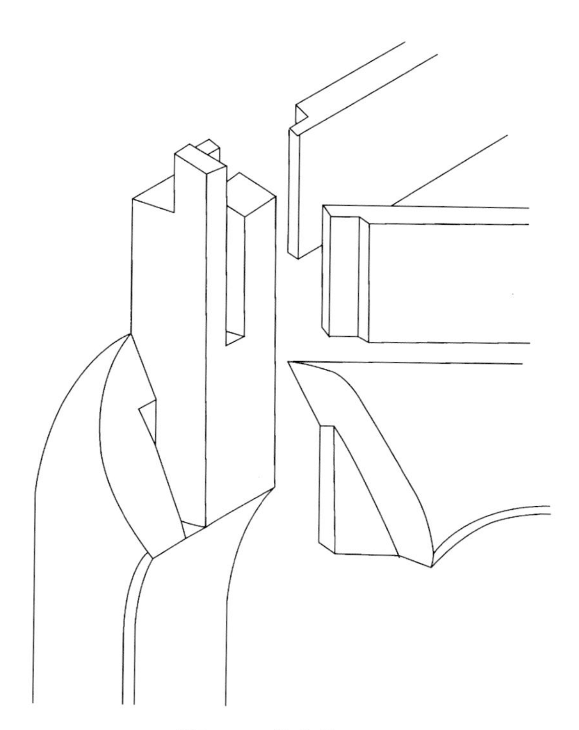

图2-12 抱肩榫

勾挂榫：通常用在霸王枨与腿的结合部位。霸王枨的一端托着桌面的穿戴，用木销钉固定，下端交带在腿足中部靠上的位置，榫子下的榫头向上勾，腿足上的枨眼下大上小，且向下扣，榫头从榫眼下部口大处插入，向上一推便勾住了下面的空隙，产生倒勾作用，然后用楔形料填入榫眼的空隙处。（图2-13）

夹头榫：这类榫卯结构在案形家具中最常见，家具的腿足上端开口，嵌夹牙条与牙头，顶端出榫，与桌案案面的卯眼结合，结构稳固，桌案和腿足角度不易变动，又可将桌

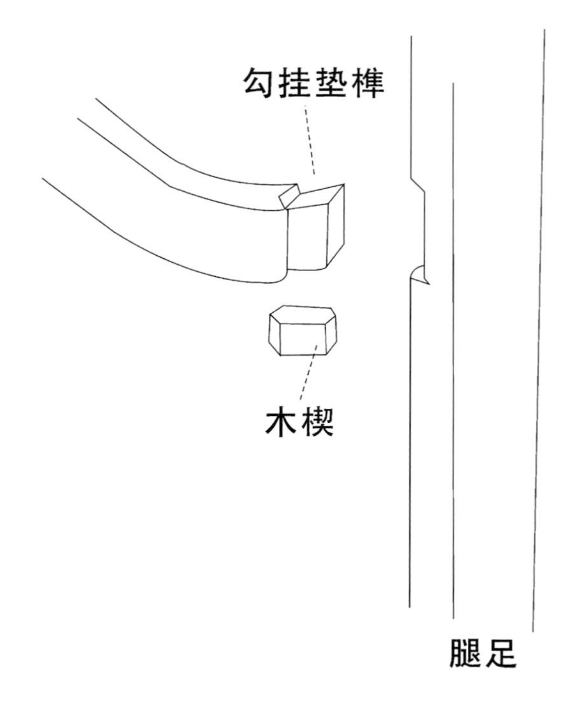

图2-13　勾挂榫

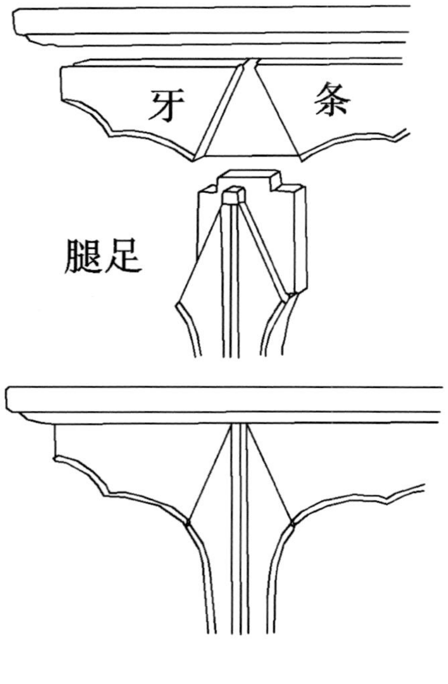

酒桌面

牙　条

腿足

图2-14　插肩榫

面重量分担到腿足上来。

插肩榫：也是案类家具常用的一种榫卯结构，虽然外观与夹头榫不同，但其结构却与夹头榫相似。插肩榫与夹头榫不同之处是插肩榫腿足的上端外侧被削出斜肩，牙条与腿足相交处剔出槽口。（图2-14）

走马销：罗汉床围子与围子之间，或围子与床身之间常用走马销，它是“栽销”的一种，是指将一块独立的木块做成榫头栽到构件上去，来代替构件本身做成的榫头。独立的木块做成的榫头形状是下大上小，榫眼的开口是半边大，半边小。榫头由大的一端插入，推向小的一边，就可扣紧。

格角榫：也分明榫与暗榫。明榫多用在桌案板面的四框和柜子的门框处，桌案的边框一般分长边和短边，长边称为边挺，短边叫做抹头。在边挺和抹头的两端分别做出45°斜边，边挺处再做榫头，抹头处则做榫眼，这样就把明榫处理在两侧，木材的横断面没有纹理，正好隐藏起来，外露的都是色泽优美的花纹。暗榫的形式多种多样，仅就直材角接合而言，就有单闷榫和双闷榫。单闷榫是在横竖材的两头一个做榫头，一个做榫眼，双闷榫是在两个拼头处都作榫头，紧靠榫头处又凿出榫眼，使两个榫头可以互相插入对方的榫眼。由于榫头形成竖交叉的形式，加强了榫头的预应能力，使整件器物更加牢固。

粽角榫：因其外形像粽子角而得名。在江南民间木工中也称作“三角齐尖”，多用于四面平家具中。它的特点是每个角都以三根方材格角结合在一起，使每个转角结合都形成六个45°格角斜线。粽角榫在制作时三根料的榫卯比较集中，为了牢固，一方面开长短榫头，采用避榫制作，另一方面应考虑用料适当粗硕些，以免影响结构的强度。粽角榫结构家具外观上严谨、简洁，气质古朴典雅。

第二节　金属家具

一、概论

与木材相比，金属的强度高、工艺复杂。金属材料主要可大概划分为：纯金属、合金、金属间化合物和特种金属材料。常见的适用于家具的金属有：钢材、铝合金、铸铁三大类。此外，还有部分有色金属，如铜、银等可以作为金属的装饰。据记载，我国的金属家具年代很久远，早在公元前16世纪，就已经有了青铜制作的俎、禁、鼎等。

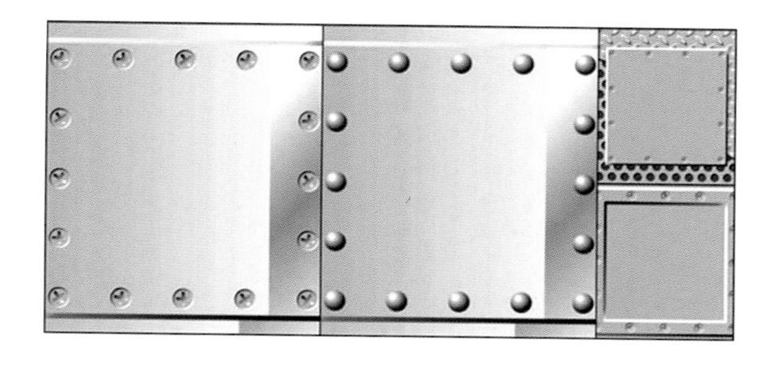

图2-15　金属板材

二、钢材

钢是含碳量在0.04%～2.3%之间的铁碳合金，在我们家具中使用面最广的金属材料是钢材，在家具中应用较多的是普通碳素钢中的A型钢和I型钢，有板材、管材及型材等。

1. 板材

用于家具制造的钢板一般是厚度在0.2～4mm之间的热轧、冷轧薄钢板。还有一种新材料是用塑料与薄板复合而成的复合板，具有防腐、防锈、不需涂饰等优点。（图2-15）

2. 管材

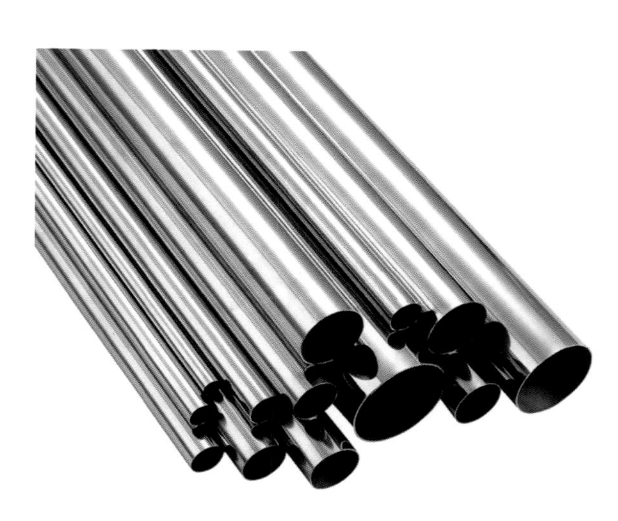

图2-16　管材

焊接管是用于家具生产的主要管材，其剖面形状可分为圆管、方管和异形管。钢管又可分为无缝钢管和焊接钢管，无缝光管是通过挤压成型生产出来的，焊接钢管是通过卷板机弯卷后通过电焊机焊接而成的管状钢材。钢管按照断面形状可以分为圆形钢管和异形钢管。（图2-16）

3. 型材

现在大多数都是用简单剖面的型材，有方钢、槽钢、扁钢、角钢等。用于家具制造的钢材大多为碳素钢，以钢板和钢管为主。钢板主要采用厚度在0.2～4mm之间的薄钢板钢管，一般主要使用在家具的结构和支架这两个构造上，主要有方钢管、圆钢管和异形钢管三大类铝合金。铝合金重量轻，有足够的强度和硬度并且加工方便，耐腐蚀性能强。（图2-17）

4. 钢丝

钢丝通常是指用热轧线为原料，经过冷拔加工的产品，钢丝的断面以圆形为主，钢丝的材质有低碳钢、中碳钢、高碳钢、低合金钢、中合金钢和高合金钢等。钢丝除了在家具设计中可以作为线造型外，还可以制作弹簧，用于床垫、坐垫、沙发等。（图2-18）

三、铝材

纯铝由于物理性能较差，质地较软，不适合做结构材料。另外，铝的化学性质也比较活泼，暴露在空气中，很容易被氧化，从而失去光泽。所以在家具制造中，铝以合金的形式出现。

通过压力方法加工的铝合金称为变形铝合金，根据性能不同，可以分为硬铝、超硬铝、防锈铝、锻铝、特殊铝等。用来直接浇铸各种形状零件的铝合金称为铸造铝合金，铸造铝合金铁流动性好，但塑性较差。（图2-19）

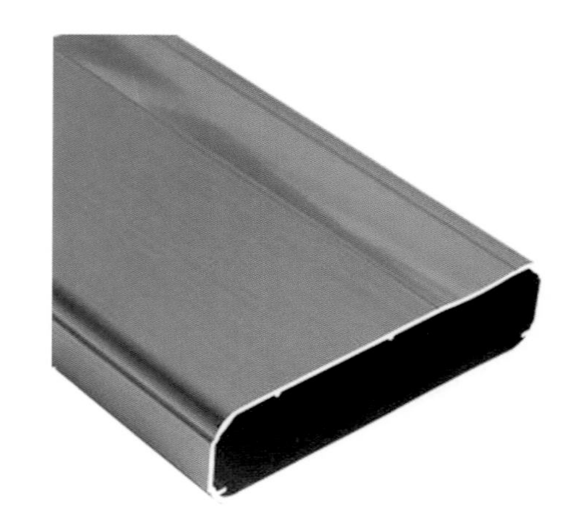

图2-17　型材

图2-18　钢丝

图2-19　铝合金家具

图2-20　铸铁家具

四、铸铁

铸铁主要用于家具制造中的生铁铸件。其锻造性能比钢材性能好，并且在价格上比钢材便宜，在重量和强度这两方面也比钢材大。（图2-20）

五、金属家具的加工工艺

1. 切割与弯曲

大部分的金属都可以进行切割与弯曲，弯管一般用于支架结构中，弯管工艺是指在专用机床上，借助机械设备将管材弯曲成圆弧形的加工工艺。弯管可以分为热弯和冷弯两种。

2. 焊接工艺

焊接是金属特有的加工工艺，常见的焊接工具有气焊、电焊、储能焊等。

3. 锻压工艺

锻压指锻造和冲压的合称。冲压是指依靠压力机和模具对板材、带材、管材等施加外力；锻炼是指产生塑性变形，从而形成新的造型。

第三节 塑料

一、概论

20世纪60年代，美国制造出世界上第一块塑料实体面材，由于这种实体面材可以很好地抵抗污染和抵抗霉变，所以很快就在全球的各个行业得到应用，家具也不例外。

塑料家具是以塑料为主要原料的家具。二战末期，聚乙稀、聚氯乙烯、聚氯丙稀、聚脱脂、有机玻璃等塑料都被开发出来，它们大受家具设计师的青睐，被广泛用于各种家具设计，并使家具造型的形式从装配组合转向整体浇铸成型具有雕塑类的有机家具形式。20世纪60年代，被称为“塑料的时代”。著名建筑与家具大师艾罗·沙里宁的郁金香椅，丹麦家具大师雅各布森的天鹅椅、蛋壳椅，维纳·潘顿的堆叠式椅都是塑料家具的代表作品。

塑料制成的家具具有天然材料家具无法代替的优点，尤其是整体成型，自成一体，色彩丰富，防水防锈，成为公共建筑、室外家具的首选材料。塑料家具除了整体成型外，更多的是制成家具部件与金属、材料、玻璃配合组装成家具。

塑料的主要成分有：合成树脂、固化剂、稳定剂、阻燃剂、润滑剂、填充剂等。但是只需更改它的配料，就可以改变塑料的性能从而形成多种多样的塑料。

根据塑料的性能、特点、应用，大致范围可以分为通用塑料、工程塑料和特种塑料。

（1）通用塑料：一般在生产上产量大，使用范围广阔并且制造的价格成本低，同时在综合性能上比较好，但是其缺点就是在力学性能方面不够突出。塑料的主要成分有聚氯乙烯、聚乙烯、聚苯乙烯、聚丙烯、酚醛塑料、氨基塑料，它们的总产量占塑料产量的一半以上，所以就构成塑料工业的主体。

（2）工程塑料：一般用在工程技术中做结构材料的塑料。除了具有较好的物理力学性能这类塑料还具有很好的耐摩擦性、耐腐蚀性、自润性及尺寸稳定性等特点。

（3）特种塑料：特种塑料又称作功能塑料，就是只具有特殊功能的塑料。一般使用在导电、导磁、感光、防辐射、光导纤维、液晶、高分子分离膜上。特种塑料通常是由通用塑料和工程塑料用树脂经过特殊处理或改性获得的，但也有一些是由专门合成的特种树脂制造出来的。

二、常见的塑料

对于家具设计行业来说，有必要认清楚常用在家具设计中的塑料品种。

1. 聚乙烯

聚乙烯是由单体乙烯聚合而成的聚合物，乙烯单体通过石油裂解得到，属于热塑性塑料，易于加工成型，它的主要性能是容易燃烧、没有气味没有毒素、冲击性能好，是一种典型的软而韧的聚合物材料，缺点就是机械强度不高。聚乙烯有很好的化学稳定性，在常温下可以抵抗各种酸碱的腐蚀，有着十分优异的电绝缘性，能做高压绝缘的材料。

2. 聚氯乙烯

聚氯乙烯是聚乙烯单位在过氧化物和偶氮化合物的引发剂作用下形成，或在光和热的作用下聚合而成的聚合物，属于热塑性材料。其应用的广泛程度仅次于聚乙烯，但是气密度、强度、刚度、硬度均高于聚乙烯。按加入增塑剂用量，聚氯乙烯分为硬质聚氯乙烯和软质聚氯乙烯。主要性能有：软质聚氯乙烯坚韧、柔软具有弹性性质；硬质聚氯乙烯强度、刚度、硬度较高、韧性较差、冲击强度很低。聚氯乙烯是脆性材料，冲击强度强烈地依附于温度，在低温下韧性差；聚氯乙烯能耐大多数腐蚀性物质，适合制作防腐材料，但是热稳定性很差，对光敏感，耐热性能也不高；阻电性能普通，所以一般仅适用于低频绝缘材料。

3. 聚丙烯

聚丙烯是以丙烯为单体，经过多种工艺方法聚合制得的高聚物，通常为白色、易燃的蜡状物，属于热塑性材料。聚丙烯目前已成为发展速度最快的塑料品种之一，其生产产量仅次于聚乙烯与聚氯乙烯，位居第三。其主要性能有：相对密度小，是塑料中除戊烯之外最轻的材料，价格在树脂中最低，光泽性好，着色性好，机械强度、刚度、硬度在通用材料中较高，具有优良的抗弯曲性并且耐化学腐蚀性能优异，同时也在耐热性方面也比较良好，是很好的绝热保温材料，但是低温脆性大。聚丙烯具有优异的电绝缘性，但易老化，工艺加工性能好，可以采用多种工艺加工成型。聚丙烯被广泛地用于包装、汽车、建筑、塑料家具、玩具、餐具、灯具、室内装饰品等领域，如汽车坐椅靠背、窗框、灯罩、桌布、窗帘、滤布、防水布等座面材料都为聚乙烯。（图2-21）

4. 聚苯乙烯

聚苯乙烯是有苯乙烯单体通过自由基聚合而成，聚合方法有本体聚合、悬浮聚合、溶液聚合和乳液聚合，品种包括通用型聚苯乙烯和可发性聚苯乙烯（聚苯乙烯泡沫）。聚苯乙烯成本较低，是应用极广的热塑性塑料之一，其主要性能为：表面光泽和没有气味没有毒素并且相对密度小。聚苯乙烯在常温下是透明的坚硬固体，透明率可达88%～90%；脆性大，无延伸性，容易出现用力过大而导致开裂的现象。其化学稳定性比较好，可以抵抗各种碱，如一般的酸、盐、矿物油等，但是不耐氧化酸。聚苯乙烯热导率小，受温度的影响不是很明显，所以可做良好的绝热保温材料。同时聚苯乙烯具有良好的介点性和绝缘性，容易产生静电，只是耐候性和耐氧化性不好，长期暴露在日光下会变色变脆。耐氧化性工艺性能好，是通用塑料中最容易加工的品种之一，可以在很宽的温度范围内加工成型，容易着色。可发泡做填充物，或用作绝热和减振材料，还用于制造仪器仪表外壳、灯罩、电信零件等。

5. ABS塑料

ABS塑料是五大合成塑料之一，其抗冲击性、耐热性、耐低温性、耐化学药品性及电气性能优良，还具有易加工、制品尺寸稳定、表面光泽性好等特点，容易涂装、着色，还可以进

图2-21　聚丙烯家具

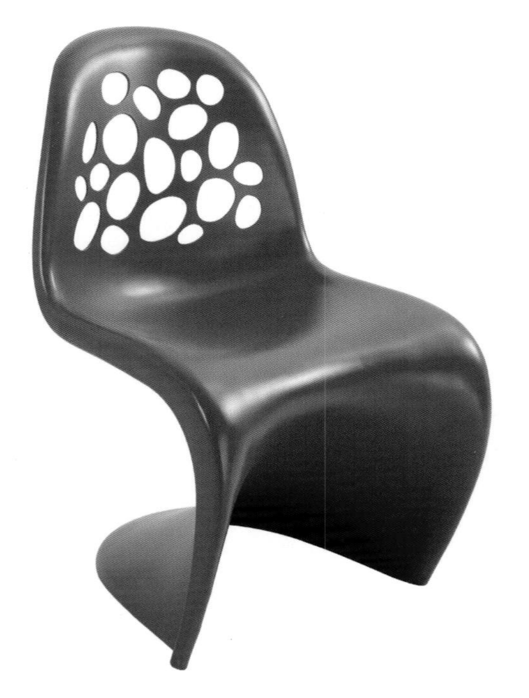

图2-22　ABS塑胶椅（JB-P610）

行表面喷镀金属、电镀、焊接、热压和粘接等二次加工，是一种用途极广的热塑性工程塑料。

其主要性能有：外观为前象牙色，不透明，有很好的着色性和光泽度，能制成各种色彩高度光泽效果的产品。ABS塑料无毒无味、不透水、略透水蒸气、吸水率低在力学性能优良，有很好的强度、抗蠕变性和耐磨性；ABS耐化学性也比较好，一般水、无机盐、碱和酸类、油脂对它没有什么影响；有良好的电气绝缘性，很少受温度、湿度的影响，能在很宽范围内保持稳定；工艺性能好、表面易于印刷、涂层，有很好的电镀性能，是极好的非金属电镀材料。（图2-22）

6. 酚醛树脂

酚醛树脂是酚类化合物与醛类化合物缩聚而成的，其中以苯酚与甲醛缩聚而得的聚合物最为重要和最常使用，这种酚醛树脂是最早实现工业化的一类热固性树脂，其主要性能有以下几点：

（1）强度及弹性模量比较高，长期经受高温后的强度保持率高，但脆性、抗冲击性能差。

（2）兼有耐热、耐磨、耐蚀的优良性能。

（3）由于树脂结构中的酚基吸水性大，制品稀释后会膨胀，出现翘曲，在设计中应当注意。

（4）其制品颜色通常比较深，明度低，常呈黑色、棕色，不能制成浅色、明度高、色泽鲜艳的制品，在家具造型设计中颇受限制。

7. 环氧树脂

环氧树脂是含有两个或两个以上的环氧基，在适当的试剂作用下能够交联成网络结构的一类聚合物，属于热固性塑料。环氧树脂具有多样化的形式，其状态范围可以从极低黏度的液体到高熔点固体，其主要性能有：

（1）在室温下容易调和固化，对金属、塑料、玻璃、陶瓷等都有良好的黏附能力，俗称万能胶。

（2）固化的环氧树脂具有较高的机械强度和

韧性。

（3）固化的环氧树脂具有优良的耐酸、碱以及有机溶剂的性能，还能耐大多数霉菌、耐热、耐寒，能在苛刻的热条件下使用，具有突出的尺寸稳定性。

三、塑料的加工工艺

1. 注塑成型

注塑成型是将颗粒或者粉末的原料加入到注塑机的料斗里，原料经过加热融化成流动状态，注入模具型腔内硬化定型。

注塑成型的工艺的优点有：

（1）能一次成型在外形复杂和尺寸较精确的塑料之间。

（2）可利用一套模具进行批量生产规格形状性能完全相同的成品。

（3）生产性能好，成型周期短，一般制件只需几秒即可成型，而且可实现自动化或半自动化作业，具有较高的生产效率和技术经济指标。

（4）原材料损耗小，操作方便，成型的同时产品可取得着色鲜艳的外表。

2. 挤塑成型

挤塑成型主要适合热塑性塑料成型，也适合部分流动性较好的热固性和增强塑料的成型，其原理就是通过将构件加热，通过机头挤出，然后由定型器定型，再通过冷却器使其冷硬固化，成为所需截面的成品。

挤塑成型是塑料加工工艺中应用最早，用途最广和适用性能最强的成型方式。与其他成型方式相比，具有以下优点：

（1）设备成本低，占地面积小，生产环境清洁，劳动条件好。

（2）操作简单，工艺过程容易控制，便于实现自动化，生产效率高，产品质量均匀。挤塑成型加工的塑料制品，主要有连续的型材制品。

3. 压制成型

压制成型主要用于热固性塑料的成型，根据成型物料的形状和加工设备及工艺特点，分为模压成型和层压成型两种。

4. 压延成型

压延成型是一种将熔融塑化的热塑性塑料通过两个以上的平行异向旋转辊筒间隙，使溶体受到辊筒挤压延展、拉伸而成为具有一定规格尺寸和符合质量要求的连续片状制品，最后经自然冷却成型的方法。

5. 吹塑成型

吹塑成型是借助于气体压力使闭合在模具中的热熔型坯吹胀形成中空制品的方法，是第三种最常用的塑料加工方法，同时也是发展较快的一种塑料成型方法。吹塑用的模具只有阴模，与注塑成型相比，设备造价较低，适应性较强，可成型性能好，常应用在低应力、可成型具有复杂起伏曲线的制品。

6. 热成型

热成型是将热塑性塑料（见热塑性树脂）片材加工成各种制品的一种较特殊的塑料加工方法。片材夹在框架上加热到软化状态，在外力作用下，使其紧贴模具的型面，以取得与型面相仿的形状。冷却定型后，经修整后成制品。此过程也用于橡胶加工。

7. 浇铸成型

浇铸成型是早期塑料加工的一种方法。浇铸是在常压下将液态单体或预聚物见聚合物注入模具内经聚合而固化成型，变成与模具内腔形状相同的制品，用挤出机挤出熔融平膜，流延在冷却转鼓上定型，制得聚丙烯薄膜，被称为挤出浇铸法。

8. 喷射成型

喷射成型用高压惰性气体将合金液流雾化成细小熔滴，在高速气流下飞行并冷却，在尚未完全凝固前沉积成坯件的一种工艺。它具有所获材料晶粒细小、组织均匀、能够抑制宏观偏析等快速凝固技术的各种优点。

9. 发泡成型

发泡成型将发泡性树脂直接填入模具内，使其受热熔融，形成气液饱和溶液，通过成核作用，形成大量微小泡核，泡核增长，制成泡沫塑件的塑料加工方法。常用的发泡方法有三种：物理发泡法、化学发泡法和机械发泡法。发泡成型方式常用于各种保护套垫子的制作，如沙发坐垫。

第四节　玻璃家具

一、概论

玻璃不同于生产工艺，它有平板玻璃、吹制玻璃两大类。目前，平板玻璃的使用量较大，特别是经过深加工后的平板玻璃效果，更受消费市场欢迎。吹制玻璃多在制作古典家具中使用，其特点为耐酸（除氟酸外）、耐碱、耐油、防火，钢化后可耐300℃。玻璃家具是近些年来发展起来的新型家具。玻璃家具有光泽、硬度高、经久耐磨、能承受一定的压力，且有便于洗刷的特点，目前市场上的品种、规格越来越多，有电视架、梳妆台、茶几、书架、圆桌、装饰柜等。选择玻璃家具时一定要选用钢化玻璃，因为其承受力高于普通玻璃，6mm厚的钢化玻璃即使是人坐在上面而也无妨，并且它不怕热烫，且碎片无尖角，不会划伤人。

二、玻璃家具的特点

（1）富有时代气息和科技感。
（2）化学性能好，玻璃家具耐磨，易清洁、抗老化、不会变形。
（3）价格低廉。

三、玻璃家具的设计

1. 常用的玻璃

表2-2　常见的玻璃种类及特性

种　类	说　　明
玻璃板	是由玻璃片加以磨光及擦亮，使之透明光滑而成的。高级玻璃板表面不具波纹、厂内使用之清玻即是以高级玻璃板制成
弯曲玻璃	弯曲玻璃系平板玻璃置于模型内加热制成
有色玻璃	是含有金属氧化物的玻璃，不同的金属氧化物使玻璃具不同色彩
玻璃镜	为高级玻璃板制成，表面无波纹，适用于橱柜之背镜及立镜等
强化玻璃	玻璃制成后经强化处理，适用于出口欧洲等

2. 设计玻璃家具的注意事项

用来制作家具的玻璃不能过厚，过厚不仅造成成本的增加，而且会增加家具的重量；过薄，玻璃容易破碎。一般使用5～8mm之间的家具，如果是台面玻璃，则可以选择10mm厚度的。竖向玻璃的高度一般不超过1500mm，用于平放的玻璃长度一般控制在700mm以内，以免影响超过玻璃的承载能力。（图2-23）

图2-23　玻璃家具

第五节　竹家具

一、竹材构造和竹材性质

1.竹竿

竹材是竹子砍伐后除去枝条的主干，又称竹竿，是用途最多的部位，主要在建筑、室内装修、农具、家具、竹板材等方面应用。竹材纵向劈开后，用肉眼就可以看到。在竹壁的纵剖面上有一丝丝的纵向纤维，它们的组织平行而致密，其中维管束的分布也很整齐，在竹材的横断面上，也可看到许多深色的斑点，这些斑点就是纵向维管束的断面。

2.竹节

竹竿上有两个相邻环状突起的部分称为竹节。竹竿空腔内部处于竹节位置上有个坚硬的板状环隔称为节隔。竹节由竿环、棒环和节隔组成，起着加强竹竿直立和水分、养分横向输导的作用。

竹材的维管束在竹竿节间排列是相当平行而整齐的，且纹理一致。但是通过竹节时，除了竹璧最外层的维管束在棒环中断及一部分继续垂直平行分布外，另一部分却改变了方向。竹壁内侧的维管束在节部弯曲伸向竹壁外侧；另一些竹璧外侧的维管束则弯曲伸向竹壁内侧，还有的一些维管束从竹竿的一侧节隔交织成网状分布，再伸向竹竿的另一侧。竹节维管束的弯曲走向、纵横交错，有利于加强竹竿的直立性能和水分、养分的横向运输，但对竹竿的劈篾性带来不良的影响。

二、竹材的加工特征

竹材和木材一样，都是天然生长的有机体，同层非均质和不等方向性材料。但是它们在外观形态、结构和化学成分上都有很大的差别，其有自己独特的物理机械性能。竹材和木材相比较，具有强度高、韧性好、易加工等特点。但这些特性也在相当程度上限制了其优异性能的发挥。其竹材有以下基本特性：

1. 易加工、用途广泛

竹材纹理通直，用简单的工具即可将竹子剖成很薄的竹片（厚度可达几微米），编织成各种图案的工艺品、家具、农具和各种生活用品。新鲜竹子通过烘烤还可弯曲成型，制成多种造型别致的竹制品；竹材色浅、易漂白或染色，大大提高了竹材产品的装饰功能；原竹还可以直接用于建筑、渔业等多种领域。另外，竹材很容易褪色。幼年竹竿的表层细胞常含有叶绿素而呈绿色，色泽亮丽；老年竹竿或采伐过久的竹竿因叶绿素变化或破坏而呈黄色，色泽暗淡。竹木家具中竹材的色泽是造型的重要因素，所以在处理竹材时需常进行保青或烤花等。

2. 直径小、壁薄中空、具尖削度

竹材的直径相对小于木材，木材的直径大的可达1～2m，一般工业用木材直径也有几十厘米，而竹材的直径小的仅1～2cm。经济价值最高的毛竹，其脚径也多数在7～12cm，木材都是实心体，而竹材却壁薄中空，其直径和壁厚由根部至梢部逐渐变小，毛竹根部的壁厚最大可达15mm左右，而梢部壁厚仅有2～3mm。由于竹材的这一特性，使其不能像木材那样可以通过锯切加工成片（或板）材，而是通过旋切获得高获得率的旋切竹单板，通过刨切获得纹理美观的刨切竹薄木。

3.结构不均匀

竹材在壁厚方向上，外层竹青组织致密、质地坚硬、表面光滑，附有一层蜡质，对水和胶黏剂润湿性差。内层的竹黄组织疏松、质地脆弱，对水和胶黏剂的润湿性也较差，中间的竹肉，性能介于竹青和竹黄之间，是竹材利用的主要部分。由于三者之间结构上的差异，因而导致了它们的密度、含水率、干缩率、强度、胶合性能等都有明显的差异，这一特性给竹材的加工和利用带来很多不利的影响，而木材虽然也有些心、边较明显的树种，却没有竹材这么明显的物理、力学和胶合性能上的差异。实验证明对酚醛树脂胶，竹青、竹黄的湿润、胶合性能都为零，而竹肉则有良好的胶合性能。尿醛树脂胶对竹青、竹黄、竹肉的胶合性能与酚醛树脂基本相似。

4. 各向异性明显

竹材和木材都具有各向异性的特点，但是因为竹材中的维管束走向平行而整齐，纹理一致，没有横向联系，因此竹材的纵向强度大、横向强度小，容易产生劈裂。一般木材纵横两个方向的强度比约为20：1，而竹材却高达30：1，加之竹材不同方向、不同部位的物理、力学性能、化学组成都有差异，因而给加工利用带来很多不稳定的因素。

5. 易虫蛀、腐朽和霉变

因为竹材比一般木材更含有较多的营养物质，而这些有机物质会让一些昆虫和微生物更加容易生存，所以容易生成虫蛀。因此若不在适当条件下使用和保存，容易引起虫蛀和病腐，蛀食竹材的害虫有竹盆虫、白蚁、竹蜂等。其中以竹盆虫最为严重。竹材的腐烂与霉变主要由腐朽寄生所引起，在通气不良的湿热条件下，极易发生。大量试验表明，未经处理的竹材耐老化性能（耐久性）也较差。

三、竹木家具的材料特征

（1）竹材和木材一样耐火性能差，容易燃烧。

竹材在外部热源作用下，温度渐渐升高，温度达到一定程度会产生一氧化碳、甲烷、乙烷、乙烯、醛、酮等可燃性气体，在竹材表面形成一层可燃气体，当有足够的氧气和热存在时，就着火燃烧，再传到相邻部位而蔓延起来。

（2）运输费用大、难以长期保存。

竹材壁比较薄而中间空心，因此体积虽然看似大，实际容积小，车辆的实际装载量少，运输费用高，不宜长距离运输。竹材易虫蛀、腐朽、霉变、干裂。因此在室外露天下保存时间不宜过长，而且竹材砍伐有较强的季节性，每年有3～4个月要护笋养竹，不能砍伐。由于不能长途运输，又不宜长期保存，因此要满足规模、均衡的工业化生产的原竹供应是一个难题，可适当就近建半成品工厂以解决这类供需矛盾问题。

竹子质地坚硬、有良好的力学性能，抗拉、抗压、轻度都比木材好，富有韧性和弹性，特别是抗弯能力强，不易折断。竹子在高温下质地变软，易弯曲成型，温度骤降后可使弯变定型成另外的样式。竹子还可以将表面劈制竹篾，竹篾有刚柔的个性，可以用来绑扎和编织大面积的席面。因为竹子的生长速度快，所以价格低廉。

四、竹家具或竹木家具的结构

（1）榫卯结构。传统家具的构成形式为框架结构、榫卯接合。榫卯接合即榫结合，按照榫头与榫眼分为开口榫、闭口榫、半闭口榫、贯通榫、不贯通榫等；按结合形式分为整体榫和插入榫；按其榫头形状分为直榫和燕尾榫等。为了使产品美观和做工简单方便，而通常采用不贯通榫斜角结合。

（2）竹编织是根据织布的机理，用上下挑的方法编织的竹材板。从用料上分为竹丝编织和篾片编织，竹丝编织主要用于篮类、瓶类、动物的外层；篾片编织则大多用在箱类、钵类、盘类等的外层和内层，这里把它应用到竹木家具上。

（3）麻将块结构用材为大径厚壁竹材，将其劈成约为20mm的竹条，再将其截为长度35mm的竹块，磨去四边棱角，然后在竹块上沿中心部位穿“十”孔，用有弹性和韧性的绳子把它们逐个穿起来，制成一个大面积的麻将块面板。

（4）竹排结构则用直径较大、竹壁较厚的毛竹、斑竹等为原料。把它们截成所需要的长度后平均纵剖成几片，除去节隔再对一端进行细劈，保证小竹条的另一端相连状态形成小“竹排”料。用数块竹排连成竹排板件，再在竹排板件的背面劈开节隔横向画线后依线锯入2/3深度的锯口，从锯口开始向同一方向纵剖约50mm，再在锯口处插入一竹丝即横穿条进行连接。

（5）圆竹片竹帘结构，竹帘圆竹连板直径约为6mm，它可以充分利用小径竹材，并且受力性能良好。片竹连板一般选用直径在80mm以上、厚度为5mm以上的厚壁大竹材，把它们劈成断面为矩形的竹条。也可利用一些加工余料，把所选用的材料接合面的竹节削平，横向排好，在其背面画穿“w”孔线，沿画线方向钻孔。用铁丝以及尼龙绳等把它们穿结起来。

（6）竹材板与木框的结合，其结合方式有两种：一是捆绑法，对竹编织板，用压边条（竹条或木条）把竹编织板和木框先固定。间隔一定距离后打孔，后用尼龙绳、钢丝等把它们紧紧地捆绑在一起；二是射钉法，此法可用在所有的竹材板件上。先在木框上挖好造型搭口，再用压边条（竹条或木条）压好竹材板件，后用射钉枪将其固定（也可用铁钉代替）。装配结构竹木家具的组装采用板式家具的32mm的装配方法。“32mm系统”是以32mm的有标准“接口”的家具设计与制造体系。这个制造系统以标准化零部件为基本单元，可以组装成采用圆榫胶接的固定式家具和采用各种现代五金件连接的拆装式家具。（图2-24）

图2-24　竹子家具

第六节　布艺家具

布艺家具具有优雅的体态、艳丽或素净的色彩、温暖的质感和美丽的图案，给居室带来明快、轻松和活泼的气氛，也给我们带来恬静、温馨的休闲享受。身着各式布料的软体家具，具有良好的触感，又因容易清洁维护，以及可随性情的变化而更换，因此受到青年人的青睐。

布艺家具的风格非常多样化。欧美乡村风格的家具，常运用碎花或格纹布，以营造自然、温馨的气息，若与自然、朴实的原木家具配搭，则乡土气息更为浓郁。西班牙古典风格的家具，则常以织锦为主，色彩华丽，充分张扬贵族阶层的华贵气质。以意大利为代表的现代风格家具，在运用布品时，仍不脱离其简洁大方的设计原则，常以及其鲜明或异常冷僻的单色布料来彰显其高贵脱俗的气质。（图2-25）

图2-25　布艺家具

第七节　皮革

皮革是软体家具中常用的材料。皮革一般分为天然皮革和人造皮革两大类。

一、天然皮革

天然皮革主要用各种动物皮经过加工而成。目前，家具中的皮以牛皮为主，具有纹理优美、抗张力、坚韧、耐磨、吸汗、易于清理等特性。缺点是外观花纹不均匀。天然皮革也按厚度分头层和二层皮。头层皮即为动物皮表面，弹性柔软性好，价格较高，厚度为0.8～1.5mm之间；二层皮为动物皮削去表面皮之外的皮，厚度为2.8～3.5mm不等，弹性差，但强度好，抗张力达200N/m^{2}以上。天然皮革具有许多令人青睐的优点，所以人们一直对以其制成的产品情有独钟。天然皮革家具以沙发及椅子最为常见，多具有气派大方的特点。在风格上，因色彩、造型及与其他材质的搭配不同而千变万化。法式皮革沙发无论古典或现代造型，皆大方富有气魄；而意大利皮革家具以前卫造型，或结合钢管、木材而呈现与全皮制品不同的样貌。此外，现今皮革染制技术精良，使得皮质家具色彩的变化更加丰富。（图2-26）

图2-26　天然皮革家具

二、人造皮革

人造皮革俗称仿皮，是高分子塑料PVC、PE、PP等吹膜成型并经过表面喷涂各种色浆而成，它按厚度分为一型（0.9～1.5mm）和二型（大于1.5mm）两种。皮革外观花纹很多，一般要求纹路细致、均匀、表面无划伤和龟裂。其中断裂长率应不大于80%，不易脱色，即颜色摩擦牢度应达4.3级以上。人造皮革是一种取代天然皮革、价格较低、易于加工的替代材料。人造皮革的表层肌理有多种样式，但基本上都是以仿造天然皮革的纹理为主。人

图2-27　人造皮革家具

造皮革的色彩也是非常丰富的，但与天然皮革比较起来相对缺乏深度，不够自然。人造皮革制成的家具成本低廉，与天然皮革效果没有很大差别，因此，人造皮革也有相当广阔的市场。（图2-27）

第八节　藤材

一、概论

藤家具是世界上最古老的家具之一，是以藤材为主要原料的家具，多数藤家具为椅子、沙发、茶几、小桌之类，少量有柜类家具。很久以前人们就选用藤来制作各种各样的家具，如桌、椅、床乃至柜类家具等。时至今日，越来越多的人要求体现田园风味，追求与自然融为一体。充满自然原味的藤家具，则以它清新自然、朴素优雅的乡土气息给现代人带来了温馨的感觉。

在居室摆上一件藤家具，既能点缀出房屋主人的生活情趣，又能显示其特有的艺术品位。藤家具造型别致、亲切可爱，经过特殊处理后不变形，不易折断，色泽自然，集实用性与观赏性于一体，既典雅别致，又环保。还能营造出浓郁的文化氛围，深受追求新感觉的现代都市人的宠爱。

二、藤材的特点

（1）轻巧坚韧，且易于弯曲成型。

（2）不怕挤、不怕压，柔软又有弹性。

（3）再生能力强，藤是一种生长迅速的植物，一般生长周期为5~7年。

三、藤材的种类与产地

藤的种类很多，一般都以产地命名，主要分为进口藤条和国产藤条。进口藤主要是指从印度尼西亚、菲律宾、马来西亚进口的。进口藤的质量一般比国产藤好。国产藤主产于云南、广东、广西等省、自治区、自治区，皮有细纹，色白略黄，节较低且节距长，藤芯韧，不易折断，直径多在5mm左右。国产藤主要有以下几个品种：

土厘藤——产于云南、广东、广西等。色白略黄，是国产藤中的上品。

红藤——产于广东、广西。色黄红，其中浅色为佳，红福色质，低劣。

白藤——产于广东、广西、台湾、云南各省。色黄白、质韧而软，茎细长，有节，为藤家具的主要品种。

省藤——产于广东。色白，外形似竹，节高。

四、皮和芯的规格

国产藤皮（图2–28）的规格如表2–3、表2–4所示。

表2–3　国产藤皮的规格

品名	规格（mm）		质量要求
	宽度	厚度	
四开藤皮	2.8 ~ 3.0	1.2	藤皮条门均匀，底板光滑
薄对开藤皮	2.5 ~ 3.0	0.6	
三开藤皮	2.3 ~ 2.5	0.5	
细三开藤皮	1.5 ~ 1.9	0.5	
加细三开藤皮	1.3 ~ 1.5	0.5	
进口藤扩薄	5.0 ~ 6.0	1.1 ~ 1.2	底板光滑不弓松、不粗糙
进口藤中薄	4.5 ~ 5.0	1.0	
进口藤细薄	4.0 ~ 4.5	1.0	
茅蓬藤皮	6.7 ~ 6.8	1.4	
细丝	5.0 ~ 5.2	1.4	
单利	5.5 ~ 6.0	2.6 ~ 2.8	
橹箍藤皮	7.4 ~ 7.7	2.8	

表2–4　进口圆芯直径规格

条门	直径（mm）	条门	直径（mm）	技术要求及说明
6	6.2	11	3.4	圆而光滑。圆芯“门条”根据37mm火柴盒宽为标准，6根宽为37mm
7	5.3	12	3.1	
8	4.6	13	2.8	
9	4.1	14	2.6	
10	3.7	15	2.46	

藤条（图2–29）按直径的大小分类，主要有 4 ~ 8mm，8 ~ 12mm，12 ~ 16mm。各类均有不同的用途。

五、藤材的处理

藤材要经日晒、硫磺烟熏处理后方可用于家具制作。硫磺烟熏主要是为防虫蛀，对色质及质量差的藤皮和藤芯还需要进行漂白处理。但这种藤制家具受潮后容易生霉，严重影响藤制家具的发展。然而，经现代高温杀菌工艺处理后，可用机器把藤条拉成一定长短和粗细规格的藤，用手工编织成各种款式的家具，成型后，再喷上专为藤家具配置的聚酯漆，这样藤材便克服了易虫蛀、易生霉的缺点。

由于藤材的自然属性、温柔的色彩和质感、质轻和优美的造型，在家具生产中，藤材也广泛应用于家具制作。藤材的特点是柔软，干燥后又特别坚韧；皮质外表爽洁，耐水湿易干燥，耐磨耐压；藤皮缠扎有力，富有弹性，可编织成丰富的图案；藤材经漂白处理，色质自然，白净、光洁、美观。藤材与木、金属、竹、皮革结合使用，发挥各自材料的特长，可制成各种形式的家具。藤皮可用作绑扎和编织面材，加工方便而又特别坚实有力；藤芯条易于弯曲，可用作家具的骨架。藤材家具以线条流畅、质朴无华而深受人们青睐。藤材的藤芯和藤皮都可作为家具的制作材料，藤皮的纤维特别光滑细密，韧性及抗拉强度大。（图2-30）

图2-28　国产藤皮

图2-29　藤条

图2-30　藤材家具

第三章 家具造型设计

第一节 点的造型方法

在家具造型设计中点的应用非常广泛，它不仅满足功能结构的需要，也成为家具造型设计的重要的装饰性构件。比如家具上常用的拉手金属配件，就是以点的装饰形式出现的，在整个家具造型中起到画龙点睛的作用。我国传统的家具制作就非常重视金属配件的设计和制造。例如，安装在橱柜上的合页、面页、钮头、吊牌、抱角、环子等，不仅样式淳朴俊秀，风格多样，而且加工简单。我国明代家具以简洁、素雅风格为主。偶尔在家具局部采用的小面积精致的雕饰，形成家具的视觉亮点，与整体简洁的风格形成强烈对比，达到了极好的点的装饰效果。

外国的古典家具也非常重视家具立面点的装饰，将家具配件用金属制作成风格各异的图案，形成各地区不同时代的风格。现代家具在点的装饰效果的运用上更为广泛，由于技术的进步和现代生活方式的影响，点的装饰要素往往成为家具造型设计中具有节奏和韵律感的活跃因素，尤其是大面积橱柜或皮革沙发。点的设计因素可以打破其单调和沉重感，使家具造型活泼、轻快、时尚。（图3-1）

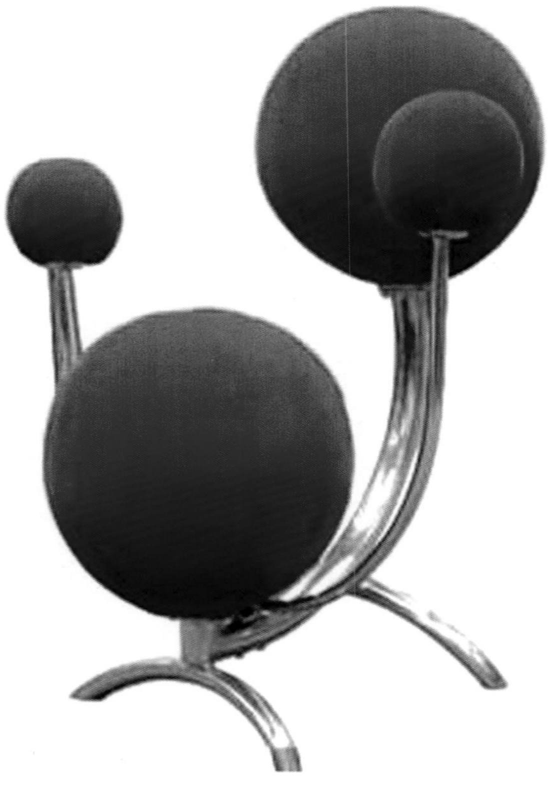

图3-1　椅子——点造型

第二节　线的造型方法

一、线的概念

从几何学的角度上讲，线只有角度和方向，而没有粗细的变化。线是点移动的轨迹。当连续的线被断开分离后，仍保持着线的感觉时，形成了线的点化。当点排成一列时，则出现线的感觉，形成了点的线化。

线也具有相对性特点，其长短粗细是相对而言的。当线超过一定宽度时会减弱线的感觉，而逐渐具有面的特征。当线的长度缩小到一定比例，线的性质就开始向点的性质方向转化。线在外形轮廓上具有重要作用，它比点更容易表现出自然界的特征。封闭的线构成形，决定面的轮廓。因此，自然界中的所含的面及体都可通过线来表现，而线所具有的视觉性质在形态设计中具有很重要的地位。

二、线的分类与情感特征

线是决定形态特征的重要因素之一，它主要由直线和曲线构成。直线体现的是平静、力量、稳定感，具有男性美特征。垂直线有庄重、肃穆、向上之感；水平线具有平和、安定、延展、开阔之感；斜线则表达了不稳定，动荡不安感。曲线体现了动感、柔和和弹力，具有女性美特征；几何曲线，弹力、柔美，秩序感强；而自由曲线则自然流畅、灵活轻快、富有人情味。

三、家具造型中的线条构成

用于家具造型设计中的线条主要有以下三种：

1. 纯直线构成的家具

直线条具有刚健、稳重之感，它能够确定一定格式和位置，产生崇高、严肃之感，但有时也会显得单调而缺少变化。现代家具为便于流水线的机器化加工方式，多采用人造板材、金属、玻璃等新材料制作出不同类型的纯直线型家具，如用开阔、平静、稳定的水平直线进行家具立面的划分，很容易达到舒展、平静的目的，体现出一种放松、惬意的心理状态。而垂直线则体现庄严和进取感。家具造型中斜线是一个不安分的因素，斜线能给人一种运动、倾倒、散射、奔驰、突破、活动、变化、上升及不安定感，如使用得当，会产生动静结合、变化而又统一的调和效果；如不恰当的使用，能产生破损感，因此在家具设计中应谨慎使用。

2. 纯曲线构成的家具

纯曲线构成的家具采用纯曲线构成的造型，具有轻松活泼、流畅柔美的感觉。在家具造型设计中，曲线的使用往往体现女性的美、动态的美和饱满的美。许多传统古典家具大多采用曲线造型构成，体现出气势盎然、优雅别致、婉转曲折，如流水似彩云般流畅自如的特性。

3. 直曲结合构成的家具

在家具造型设计中，运用直曲线相结合的设计手法，不仅能够体现出直线的稳健和挺拔，而且优美的曲线还可以产生出流畅、活泼的感觉，使家具的形态更富于变化。单纯直线造型的家具常常会显得单调，缺少变化，单纯采用曲线的组合，又易显得过于软弱无力。而直曲结合的家具有圆有方、有柔有刚、形神兼备，能更好地展现家具的艺术美感。但曲直结合的家具设计必须遵循“主次分明，变化统一”的设计原则，才能取得最佳效果。两种不同性质的线条组合在同一家具上时，要以其中一种为主，所占的比例应比较大，视觉上要突出。另一种要起到比较和陪衬的作用。（图3-2）

图3-2　线的造型

第三节　面的造型方法

一、面的概念

从几何学上讲，线移动形成的轨迹形成了面。面具有一定的位置、方向、长度和宽度，但不具备三维特征，因此面没有厚度。点的扩大、集合、排列和线的移动轨迹都能形成面。所以点、线的形状就是面的形状，移动线的方向，路径决定面的形状。如垂直线平行移动成为方形，直线旋转移动为圆形；倾斜的直线进行平行移动为菱形，直线以一端为中心进行平面形移动成扇形，直线作波形移动会呈现旗帜飘扬的形状等，此外，通过对体的切割也会产生出不同视感的面。

二、面的分类与情感特征

1. 面的分类

面有平面和曲面之分，平面包括垂直面、水平面、斜面；曲面包括几何曲面和自由曲面。平面在空间中通常表现为几何形和非几何形，几何形是以数字方式构成的，包括直线形（正方形、长方形、梯形、三角形、菱形、平行四边形等）以及直曲结合形。非几何形是无数学规律的图形，它包括有机形和不规则形两大类。有机形是以自由弧线构成的，它没有几何形准确严谨，不违反自然法则，常取形于自然界中的有机体造型，而不规则形是指人们有意创造或无意中产生的平面图形。

2. 面的情感特征

几何图形具有明快理性的性格，可以产生秩序、条理的感觉。单纯的几何形具有醒目的个性，但应用不当易产生呆板单调感。有机形和不规则形在形成过程中充满了偶然性和不确定性，它具有女性的特征，可以产生优雅、柔和魅力和带有人情味的温暖。因为它的个性化特征，往往能够充分表达设计者的个性和情趣。但控制不当，也易出现一种散漫、无秩序、繁杂的缺点。

三、面的应用

任何家具都依附于一定的形而存在，不同的形在家具设计中表现出不同的性格特征和视觉效果。正方形边角整齐、端正，是最单纯的一种外形，在家具造型中常用于餐桌、方凳、茶几、橱柜等。为打破正方形在家具造型中的单调感，丰富家具的造型，往往在家具造型的局部加入曲线造型，起到装饰效果。

图3-3　家具造型——面

圆形和椭圆形是具有单纯和圆满特征的图形，在家具造型中运用圆和椭圆能够获得流畅、优雅、时尚的感觉，三角形运用在家具造型的设计中可以产生轻松灵巧，等边三角形处于安定状态，不等边三角形具有静止中有生气的特点。三角形顶角向下或倾斜摆设都会产生不稳定感，但作为家具的装饰附件却可以起到生动活泼的作用。菱形多用于某些家具的局部装饰，尤其是以方形为主要造型的家具中，可以产生活泼、轻快的感觉。多边形是一种丰富的图形，它的边数越多越接近圆形的特征，总体具有端正、严谨的特点。采用有条理的不规则曲线形作为家具造型，能充分表达设计者的匠心，突出家具的时尚、情趣和个性化特征，给家具赋予新的生命力。各种形状在家具造型设计或家具局部装饰中的综合运用，会增加家具的层次变化，形成具有时代特点和风格特异的家具式样。（图3-3）

第四节　体的造型方法

一、体的概念

按照几何学的概念，体是面移动的轨迹，是由点、线、面构成的空间，移动、旋转或包围起来所构成的具有长度、宽度及深度的三维空间。

二、体的分类和情感特征

体有几何形体和非几何形体两类，几何体包括正方体、长方体、圆锥体、圆柱体、三棱锥、多棱锥、球体等，而非几何体则泛指一切不规则的形体。根据构成方式的不同，体还可分为实体和虚体两类，块立体构成或由面包围而成的体叫实体；由线构成，线面结合以及具有开放空间的面构成的体称为虚体。实体和虚体是视觉上产生体积感的关键性因素。实体使人有稳固、牢实之感，虚体则显得轻巧活泼，只有充分理解体的不同特性和情感特征，才能在家具设计的艺术处理中恰当地把握不同部分的对比和变化。

三、体的应用

在家具造型设计中，立体形状可以具体表现为块状、线状和板状，块状的家具造型具有一定的体积感、重量感，稳重安定；线状的造型，无论是直的还是曲的，都给人一种敏感、轻快和速度感；板状的家具具有扩大感和延展性。实体在家具造型设计中表现为封闭式家具，如箱柜、软垫沙发等，绝大多数是形体简洁、整体性强的家具，具有很强的重量感。虚体一般表现为开放式家具，也就是家具造型的轮廓线中除了有实体之外，留有一定的空间，如桌、椅等，体上呈现轻巧、活泼等丰富的特性。现代家具的设计中，开放式家具占有越来越大的比例。根据开放程度的不同，虚体在家具设计的应用中又可分为通透式、开敞式和隔透式三种类型。通透式的围合感最差，它要求在一个方向上是完全开敞的；开敞式即保持一个方向上向外开敞；隔透式则用玻璃等透明材料做遮挡，透而不敞。家具造型设计中虚与实的运用是丰富家具造型的重要手法之一，缺乏实的部位，整个家具显得软弱无力；缺乏虚的部分，则会使人感到笨重呆板。只有恰当地使用不同部分体量关系的对比，才能够使家具的造型达到稳重又灵活的良好视觉效果。

在运用体量的对比关系时，一定要适度，对比关系不明显或者太接近，达不到应有的效果，而对比关系过强，又会失去协调性。因此，恰如其分地安排好家具的虚实比例关系，才能创造出个性鲜明、式样新颖的家具设计作品来。（图3-4）

第五节　抽象理性造型方法

抽象理性造型是以现代美学为出发点，采用纯粹抽象几何形为主的家具造型构成手法。抽象理性造型手法具有简练的风格、明晰的条理、严谨的秩序和优美的比例，在结构上呈现几何的模块、部件的组合。从时代的特点来看，抽象理性造型手法是现代家具造型的主流，它不仅可以利于大工业标准化批量生产，产出经济效益。有机感性造型是以具有优美曲线的生物形态为依据，采用自由而富于感性意念的三维形体的家具造型设计手法。造型的创意构思是从优美的生物形态风格和现代雕塑形式汲取灵感，结合壳体结构和塑料、橡胶、热压胶版等新兴材料应运而生的。有机感性造型涵盖非常广泛的领域，它突破了自由曲线或直线所组成形体的狭窄单调的范围，可以超越抽象表现的范围，将具象造型同时作为造型的媒介，运用现代造型手法和创造工艺，在满足功能的前提下，灵活的应用在现代家具造型中，具有生动、有趣的独特效果。古今中外传统家具的优秀造型手法和流行风格是全世界各国家具设计的源泉。“古为今用”、“洋为中用”，即通过研究、欣赏、借鉴中外历代优秀古典家具，可以清晰地了解到家具造型发展演变的文脉，从中得到新的启迪，为今天的家具造型设计所用。传统造型方法正是在继承、学习古今中外家具的基础上，将现代生活功能和材料结构与传统家具的特征结合起来，设计出我们所处时代具有传统风格式样的新型家具。

图3-4　体的造型

高档古典家具以其独特的造型款式和精美工艺，在今天仍然受到人们的喜爱并占有一定市场份额。现在用计算机仿真制造技术可以大批量复制生产，从前只有皇宫贵族才能享用的古典高档豪华家具，已能够满足一部分喜爱古典、豪华、高档家具顾客的需要。（图3-5）

图3-5　明式家具

第六节 色彩的造型应用

家具的装饰色彩主要通过如下途径获得：

1. 木材的固有色

家具是以木质材料为主的一种工业产品。木材是一种天然材料，附在木材上的本色就是木材的固有色。木材种类繁多，其固有色也十分丰富，如栗木的暗褐、红木的暗红、檀木的黄色、椴木的象牙黄、白松的奶油白等。木材的固有色或深沉或淡雅，都有着十分宜人的特点。木材的固有色可通过透明涂饰或打蜡抛光表现出来，保持木材固有色和天然纹理的家具一直受到世人的青睐。

2. 保护性的涂饰色

大多数家具都需要进行涂饰处理，以提高其耐久性和装饰性。涂饰分为两大类，一类是显现纹理的透明涂饰，另一类是覆盖纹理的不透明涂饰。透明涂饰大多数需要进行染色处理，染色可以改变木材的固有色，使深色变浅，浅色变深，使木材色泽更加均匀一致，使低档木材具有名贵木材的外观特征。不透明涂饰是一种人造色，色彩加入涂料中，将木材纹理和固有色完全覆盖，可有相当丰富的色彩供选用，所以在流行家具中得到广泛应用。

3. 贴面材料的装饰色

现代家具大多采用人造板作为素材，为了充分利用胶合板、中密度纤维板以及表面质较差的刨花板，通常需要对它们进行贴面处理。贴面材料的装饰色既可以模拟珍贵木材的色泽纹理，也可以加工成多样的色彩及图案。

4. 配件的工业色

家具生产中常常要用到金属和塑料配件，特别是钢家具。钢管通过电镀、喷塑得到的富丽豪华的金、银色以及各种彩色，进一步丰富了家具的色彩。通过各种成型工艺加工的塑料配件，也是形成家具局部色彩的重要途径。

5. 软包织物的附加色

床垫、沙发、躺椅、软靠等家具及其附属物、包面织物的色彩对床、椅、凳、沙发等家具的色彩常起着支配或主导作用，是形成家具色彩的又一重要方法，软包织物也是渲染室内色彩气氛的重要组成部分。

（1）不同的色调具有不同的心理感受。

明调——亲切、明快，灰调——含蓄、柔和，黄调——柔和、明快，暗调——朴素、庄重，彩调——鲜艳、热烈，蓝调——凉爽、清扑，冷调——清凉、沉静，红调——热烈、温暖兴奋，橙调——温暖、兴奋，绿调——舒适、安全，紫调——娇艳。

（2）与色相有关的不同配色，具有不同的心理感受。

色相数少——素雅、冷清，色相对比强——活泼、鲜明，色相数多——热烈、繁杂，色相对比弱——稳健、单调。

（3）与明度有关的不同配色，具有不同的心理感受。

长调（明度差距大的强对比）——坚定、清晰。

短调（明度差距小的弱对比）——朴素、稳定。

高调（以高明度为主的配色）——明亮、轻快。

低调（以低明度为主的配色）——安定、庄重。

（4）与纯度有关的不同配色，具有不同的配色效果。

高纯度的配色——鲜艳夺目。

高纯度的暖色相配——运动感。

低纯度的配色——朴素大方。

中等纯度的配色——柔美感。

纯度高、明度低的配色——沉重、稳定、坚固感，称为硬配色。

纯度低、明度高的配色——柔和、含混感，称为软配色。

（5）与色域有关的不同配色，具有不同的配色效果。

面积相近的配色——调和效果差。

面积相差大的配色——调和效果好。

不同明度色彩配置——明度高的在上有稳定感，明度高的在下有动感。

（6）不同色相相配，具有各种不同的配色效果。

黑、红、白色相配具有永恒之感；黑、红、黄色相配具有积极、明朗、爽快的感觉；白色与黑色相配具有沉静、肃穆之感；高明度的暖色相配具有壮丽感；白色配高纯度红色，显得朝气蓬勃；白色与深绿色相配，能产生理智之感，白色与高纯度冷色相配，具有清晰感。

现将不同色彩搭配的家具给人的感受整理如下：自然的（图3-6）、浪漫的（图3-7）、柔和的（图3-8）、恬静的（图3-9）、童话的（图3-10）。

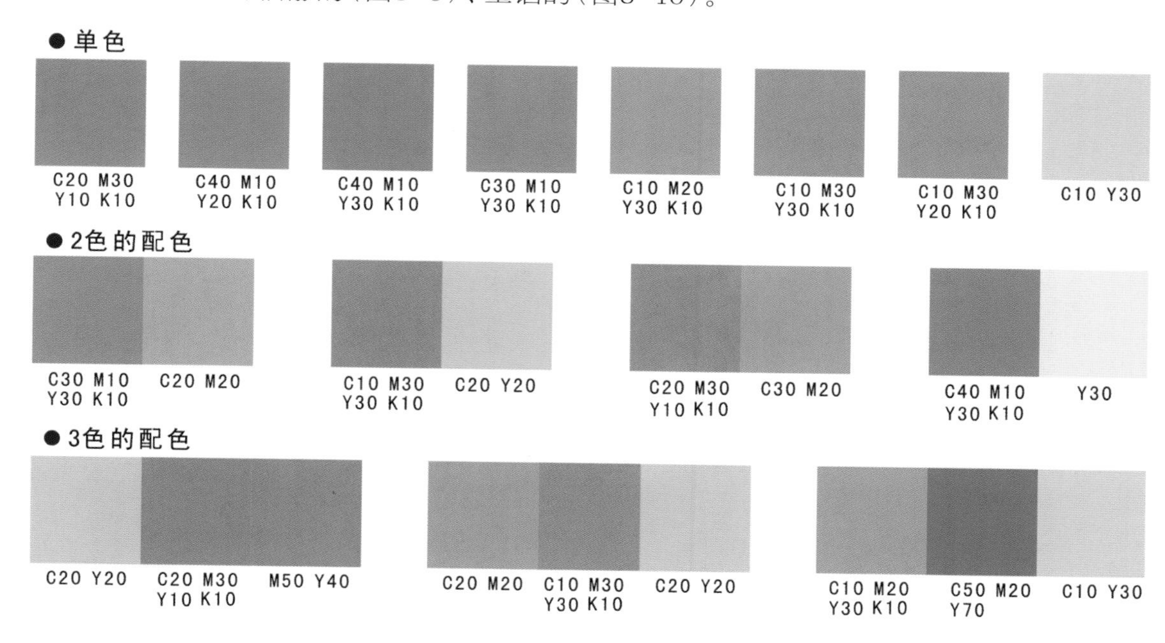

图3-6　自然的色彩搭配

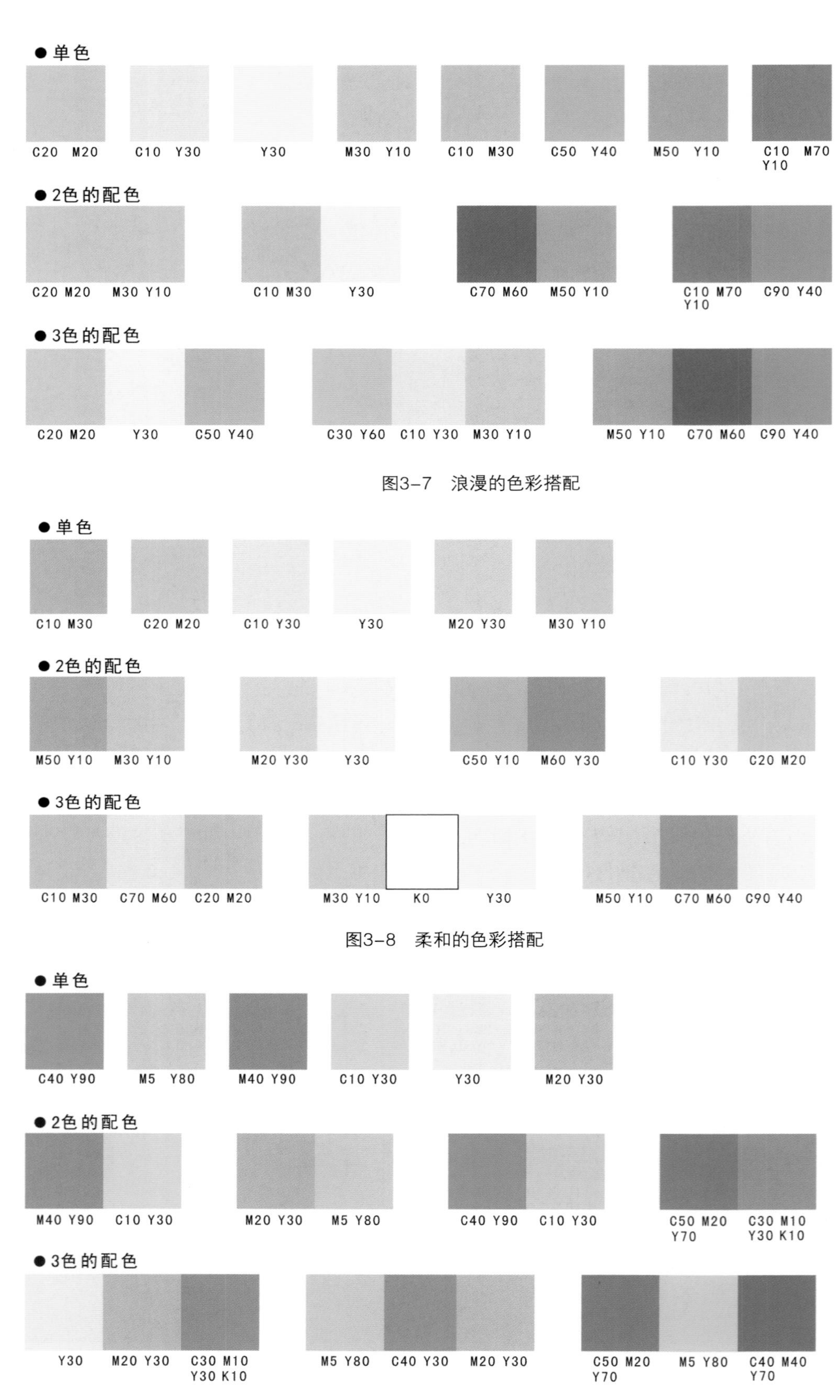

图3-7 浪漫的色彩搭配

图3-8 柔和的色彩搭配

图3-9 恬静的色彩搭配

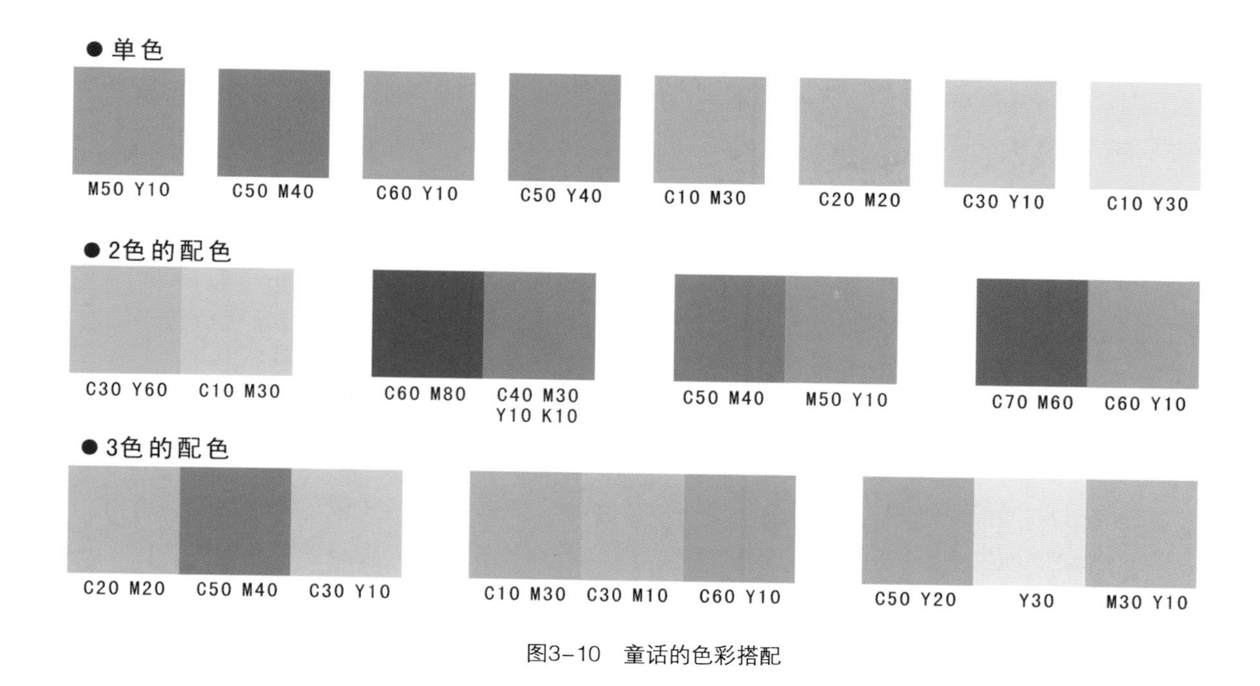

图3-10　童话的色彩搭配

第七节　比例

比例是建立在尺寸或尺度之上的各种尺寸或尺度之间的对比关系，是与数学相关的构成物体其完美和谐的数理美感的规律。所有造型艺术都有二维或三维的比例与尺度的度量，按度量的大小、构成物体的大小和美与不美的形状可分不同的度量标准。例如，家具就具有长、宽、高三维方向的规格尺寸，还有构件、零部件的尺寸，这些尺寸共存于同一个家具形体中，就不可避免地形成对照和比较，于是就有了比例的概念。艺术美学原理告诉我们，当尺寸之间的比例关系符合一些特定的规律时，这种比例关系能产生优美的视觉效果，这种比例关系正是我们设计时所追求的比例，其特点是：数理性、逻辑性、规则性、赋予美感等。家具造型中的比例包含两方面的内容：一是家具与家具之间的比例，它需要注意到建筑空间中家具的整体比例的长、宽、高之间尺寸关系，体现出整体协调、高低参差、错落有序的视觉效果；二是家具整体与局部、局部与部件的比例，它需要注意到家具本身的比例关系和彼此之间的尺寸关系，而良好的比例与正确的尺度是家具造型形式上完美和谐的基本条件。因此，设计师如何根据家具的功能以及造型因素的需要，以人体工程学尺寸为基础，处理好形与形之间的比例关系，利用美的形式规律，并按照美的法则秩序，创造出所需要的家具造型就显得尤为重要。家具造型中的比例关系不是随心所欲地来确定的，影响家具比例关系的因素有很多，其中最基本的因素有以下几个：

（1）家具的使用功能：由于人们生活的需要，家具的功能尺寸在其配套关系上有严格的比例规则，必须符合人体的使用功能，在民间流传有“尺七、二尺七，坐着正好吃”的口诀，这是掌握设计制作桌、椅、凳等家具的基本尺寸要领。家具的功能是决定家具比例的最重要的因素，它在决定家具尺度的同时，也决定了家具中的各种比例关系。如需要储存的物品的尺寸在决定柜类家具尺度时，也决定了柜体空间划分的比例关系与尺度。

（2）家具的制作材料：不同材料制成的家具产品，其中的比例关系也各有不同。由于材料物理力学性能的差异，当具有相同功能的产品构件使用不同的材料来制作时，势必带来比例关系的变化。例如，同样是用制作桌腿，如果用木材来制作，桌子的造型会比较厚重，而用金属材料制作时，它的造型会相对轻巧。同样，材料的幅面规格也限定了家具的比例，如人造板的出现就为家具比例的选择提供了更多的自由。

（3）家具的结构及工艺条件：不同的结构形式会影响到家具构件尺寸的不同，进而影响家具的比例关系。例如，对于实木家具而言，拼板结构的采用就突破了板件宽度的限制。同样如果采用榫接合，则相互连接的构件的尺寸可能会比较大，而采用特殊连接件接合时，则构件的尺寸可能会相对较小，因而影响构件与构件、构件与整体间的比例关系。家具造型设计中按数学级数比例分割的间距具有明显的规律性，因而使分割富于变化和具有韵律美感。整数比是物体的各个部分或部分与整体之间形成简单的整倍数关系，如1：1、1：2、1：3、1：4等。由于它们的数比关系明了简单，给人以条理清晰、秩序井然之感，同样在柜类家具表面分割中得到较广泛的应用。我国明式家具在整体造型上非常重视良好的比例关系，以及整体与局部，局部与局部之间严密的比例协调，把家具的外形比例、尺度与其使用功能紧密联系起来，力求达到形式与功能的和谐统一。以明式圈椅为例，作为其主要特点的椅圈部分，是由搭脑扶手融合成的独具特色的多圆心优美曲线形成。其椅圈的圆弧半径与端部弯头半径的比例正好是2：1，两圆外切即形成了圈椅的轭状优美曲线。椅子座面的矩形为黄金分割比例，座面的中心与椅子腿底端两点相连构成具有稳定感的等腰三角形，这些比例关系构成了明式圈椅和谐美的效果。（图3-11）

图3-11　明式圈椅

第八节 尺度

尺度是指家具造型设计时，根据人体尺度要求形成的特定的尺寸范围，家具比例也必须通过具体尺度来体现。同时尺度的概述还包括了家具整体与部件、家具容量与存放物品、家具与室内空间环境及其他陈设相衬托时所获得的一种大小印象。这种不同的印象会给人不同的感觉，如舒畅、开阔、闭塞、拥挤、沉闷等，这种感觉叫尺度感。为了获得良好的尺度感，除了从功能要求出发确定合理的尺寸外，还要从审美要求出发，调整家具在特定条件下或特定环境中相应的尺度，以获得家具与人、物及室内环境的协调。对于小件家具，特别是小桌、小茶几、小凳之类，在不影响功能与结构的前提下，应尽量采用小零件断面尺寸。不同的零件尺寸将形成不同的尺度感。尽管外形轮廓尺寸完全相同，但由于零件粗细不同，粗的显得呆滞，细的则显得轻巧，整体尺度印象也就产生了差异。

在设计成套家具时，不要为了追求统一而忽略对大小相差悬殊的家具在零件尺寸方面作出相应的调整，例如零件断面尺寸、板件的厚度等。通透型和开敞型的隔板层高应与计划陈列的或可能放置的物品尺寸相协调，要求放置物品后，既不过于空虚，又不过于充实，要求疏密有致，舒适美观。一般情况下，在大空间室内的家具就有较大的尺度，小空间的家具就配以相应较小的尺度。例如大会堂的讲台就应比普通教室的讲台高大，并配以相应较高的座椅；大的客厅就配以大尺度地柜、大的电视机、大的沙发，目的是为获得良好的尺度感。

第九节 对比与协调

对比就是把造型诸要素中的某一要素，如线或形，根据产品既定的设计思想组织在一起，加以对照和朴素衬托，以产生特定的艺术效果。对比是强调同一要素中不同程度的差异，以表现相互衬托、彼此作用、表现个性、突出不同的特点；协调是通过缩小差异程度的手法，把各对比的部分有机地组织在一起，使整体和谐一致。协调通过寻找同一要素中不同程度的共性，以表现相互联系、彼此和谐、表现共性，显示统一的特点，可以通过线、面、色彩、肌理等要素来协调。采用对比与协调的手法应注意有主有次，对比的双方，以一方的特性为主；对比不能过分强烈，协调不能过于接近；对立的条件必须是同一造型要素，如线与线对照，形与形比较。

在家具造型设计中，最常见的对比要素有以下一些。线条——长与短、曲与直、粗与细、水平与垂直；形状——大与小、方与圆、宽与窄、凹与凸；色彩——浓与淡、明与暗、冷与暖、轻与重；肌理——软与硬、粗与细、光滑与粗糙、透明与不透明；方向——高与低、前与后、垂直与倾斜、顺纹与横纹；虚实——开与闭、密与疏、虚与实；体量——大与小、轻与重、笨重与轻巧；在家具造型中最常见的是线的对比、形的对比、色彩的对比。在一件家具上如果只采用一种类型的线，就不能形成对比，缺少变化。但是，把不同的线条组合在一起时，要以一种为主，使其所占比例较大，或占据突出地位。其他的线则只起对比衬托作用，这样造型才有主调，才能形成自己的特色。

第十节　重复与韵律

自然界与社会生活中有许多事物与现象都是有规律地重复出现和有组织地重复变化的。例如，日出日落，月圆月缺，建筑的高低错落，诗歌的抑扬顿挫，音乐的节奏与旋律……都是韵律的表现形式。所以说韵律是艺术表现手段中有规律地重复和变化的一种现象，家具造型设计也应该对家具某些功能构件、装饰图案、形体特征等的重复现象，巧妙地加以利用。在重复与韵律的表现手法，重复是产生韵律的条件，韵律是重复的表现手法中，韵律是重复的艺术效果。韵律的类型有连续的韵律、渐变的韵律和交错的韵律。连续的韵律是同一个或几个单位组成的，并按一定距离连续重复排列而形成的韵律；渐变韵律是在连续重复排列中逐渐增加或减少某一要素的大小、形式或数量；起伏的韵律是渐变周期的反复，即在总体上有波浪式的起伏变化，这种有高潮的韵律效果称之为起伏的韵律；而有规律的纵横穿插排列则产生交错的韵律。以上四种韵律的共性就是重复与变化，重复中有简单的重复与复杂的重复，变化中有有形的变化或量的变化。通过起伏的重复和渐变的重复可以强调变化，丰富造型形象，通过连续的重复或交错的重复，可以彼此呼应，加强统一效果。

在家具造型设计中，通过家具的重复排列或交替出现，雕刻装饰图案的重复的连续，木纹拼花的交错组合，织物条纹的配合应用，家具形体各个部分的有规律增减或重复，组合成套家中某些形、线的反复应用，拉手、脚型的反复出现等，这些都是形成产品韵律的方式和手段。家具功能特性与结构形成韵律感的基本前提。同一构件的重复、装饰花格、编织图案、薄木拼花等都可以形成韵律感。（图3-12）

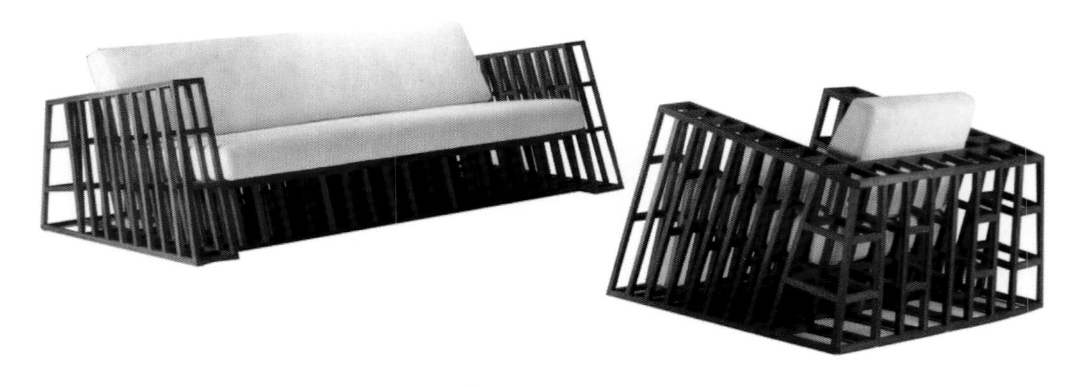

图3-12　具有韵律感的沙发底座与扶手

第十一节 重点与一般

为了突出艺术作品的主题或强调某一方面，常常选择其中一部分，运用一定的表现形式进行较深入细致的艺术加工，借以增强整个作品的感染力。家具的重点主要表现在对功能、体量、视觉等方面的主体、主要表面或主要构件等加以重点处理，借以增强家具的表现力，取得较丰富的变化效果。家具的造型常以主要功能部件作为重点，如椅子的靠背、座面以及桌面、柜面等。采用重点处理，可以使这些部位形体突出，引人注目。又如人椅靠背，打破常规，以射线状的扇形面作重点处理，使它形象鲜明，成为椅子的趣味中心，从而达到突出重点的目的。有时重点处理家具的视觉主要部位，它们的主要可视面是床头板和柜的正立面。为了突出这两个部位，床头板采用大体量和雕刻装饰、软板装饰等方法加以突出形象的处理；组合柜则采用了带弧形的玻璃门框和同形站、屉面线脚装饰，达到丰富视觉形象的效果。有时还可以重点处理家具形体的关键部位，如桌子的脚架、柜子的帽头（顶）部位、接合结构和脚架等，通过增加装饰成分和装饰比例的方式加以突出表现。这种局部的强调和艺术处理要防止堆砌拼凑的形式出现。生拉硬扯的效果，只会造成形体松散，杂乱无章，达不到美的效果，必须使整体形象和谐一致，绝不能因追求局部效果而破坏整体统一，有时又可以重点处理表现。

重点处理是家具造型的重要构成法则之一，采用这种手段可以加强表现力，突出中心，丰富变化形式。重点是对一般而言，没有一般，重点则无从突出，也就达不到对比的效果。所以重点不能过多地运用，否则会分散注意力，造成混乱。

第十二节 均衡与稳定

对称与均衡的美学原则，是最为普遍的构图形式，它要求在特定空间范围内，使造型之间的视觉力保持平衡，家具造型也必须遵循这一原则。它决定着家具的功能特点、结构特点及形式布局，这种形式布局不仅在功能上和结构上要求合理，而且要符合美学构思。因此，人们对那种放不稳、摆不平的家具，感觉上有倾倒趋势的家具，自然会产生不安的情绪。对称与均衡是完美的矛盾结合体，二者既对立又统一。

凡在中轴线两边的物体完全一样的构成等质等量的对称形态，是绝对对称，又称等量均衡。它是家具造型常见的一种形式，具有端庄、严肃、安稳的效果，传统古典家具更是如此。如果外形不变，个别地方采用静中有变的手法构成不等质、不等量而非对称的形态是相对对称，又叫做动态均衡。动态均衡具有生动、活泼、轻快的效果，这类对称形式以现代家具居多，如写字台、橱柜等。要获得家具的均衡感，最普遍的手法大致有：静态均衡的形式安排形体，动态均衡的手法达到平衡，在室内环境设计中还可利用家居用品等的陈设，进一步调节这种均衡的视觉效果关系。

（1）静态均衡的形式：在家具造型中常用的对称形式有镜面对称、轴对称、旋转对称等。镜面对称是最简单的对称形式，类似于几何图形两半相互反照的均衡，这两半彼此相对地配置同形、同量、同色的形体，又如物体在镜子中的形象，称为绝对对称。如果对称轴线两侧的物体外形相同，尺寸相同，但内部分割不同，则称相对对称，它有时候没有明显的对称轴线。轴对称是围绕相应的对称轴用旋转图形的方法取得的。它可以是三条中轴线相交于一个中心点，作三面均衡对称，也可以是四条、五条和六条中轴线，作四面、五面、六面等多面均衡对称。旋转对称是以中轴线交点为圆心，图形绕圆心旋转，单元图形本身不对称，由此而形成的二面、三面、四面、五面等旋转式图形即旋转对称。

（2）动态均衡的手法：动态均衡的构图手法包括等量均衡和异量均衡。等量均衡是在中心线两边不相同的情况下，通过组合单体或部件之间的疏密、大小、明暗及色彩的安排，对局部的形与色进行适当调整，把握形式均衡，使其左右视觉分量相等，以求得平衡效果。这种均衡是对称的演变，具有活泼优美的特征。异量均衡是形体中无中心线划分，其形状、大小、位置可以不相同。在家具造型中，常将一些使用功能不同、大小不等、方向不一、组成单体数量不均的体、面、线作不规则的配置，尽管它们的大小、形状、位置各异，但必须在气势上取得平稳、统一、均衡的效果。这种异量均衡的形式比同形等量和同形异量的均衡具有更多的可变性和灵活性。

自然界中的物体，为了维护自身的稳定，靠地面的部分会重而大。人们从这些现象中得出了一个规律，那就是重心点低的物体是稳定的，底面积大的物体也是稳定的。家具造型设计与自然界其他人造物一样，其形体必须符合重心靠下或汇聚较大底面积的规律，使家具保持一种稳定的感觉。轻巧，则是在稳定的外观上赋予活泼的处理手法，主要指家具形体各部分之间的大小、比例、尺度、虚实所呈现的协调感而言。稳定与轻巧是家具构图的法则之一，也是家具形式美的构成要素之一。任何一件家具，如果不是特别的高而窄，并且底面积不是特别狭小，那么在任何垂直方向重力作用下，它不会倾翻，甚至在一般侧向推动作用下也不会倾倒，而只是产生移动。对于大部分而言，家具都是如此。

第十三节　仿生与模拟

人类生存的自然界是艺术造型取之不尽、用之不竭的源泉。从艺术的起源来看，人类早期的艺术造型活动都来源于对自然态的模仿和提炼。大自然中任何一种动物、植物，无论造型、结构，还是色彩、纹理，都呈现出一种天然的、和谐的美。所以，现代家具造型设计在遵循人体工程学原则的基础上运用模拟与仿生的手法，借助于自然界和生活中常见的某种形体或动物、植物的某些生物学原理和特征，结合家具的具体造型与功能，进行构思、设计与提炼，是家具造型设计的又一重要手法。模拟与仿生可以给设计者以多方面的提示与启发，使产品造型具有独特生动的形象和鲜明的个性特征；可以给使用者在观赏和使用时产生对某事物的联想，产生一定的情感和获取一些趣味。应用这种手法可以丰富造型和体现思想感情。因为这是一种较为直观的具象形式，所以较易于博得使用者或观赏者的理解和共鸣。模拟与仿生的共同之外就是模仿，前者主要是模仿某种事物的形象或暗示某种思想情绪，而后者重点是模仿某种自然物的合理存在的原理，用以改进产品的结构性能，同时以此丰富产品的造型形象。（图3-13）

图3-13 仿生家具

第十四节 错觉及其应用

眼睛是人们认识世界最重要的感觉器官之一。它能辨别物体的外部特征，如形状、大小、明暗、色彩等，这便是视觉。将视觉与感觉互相联系起来，就能较全面地反应物体的整体，这就是知觉。由于人性的不同以及某些光、形、色等因素的干扰，加上心理和生理上的原因，人们对物体的感知往往会发生偏差，这就是视差。我们把物体的形状、尺寸和色彩有关的错觉称为视错觉。错觉是因视差而产生的，它能歪曲形象，使家具造型设计达不到预期的效果。各种错觉产生在以下几个方面：

（1）线段长短错觉，由于线段的方向和附加物的影响，同样长的线段会产生长短不一的错觉。（图3-14）

（2）面积大小的错觉，由于形色（明度影响最大）或方向、位置的影响，即使等面积的形状也给人以大小不等的错觉。（图3-15）

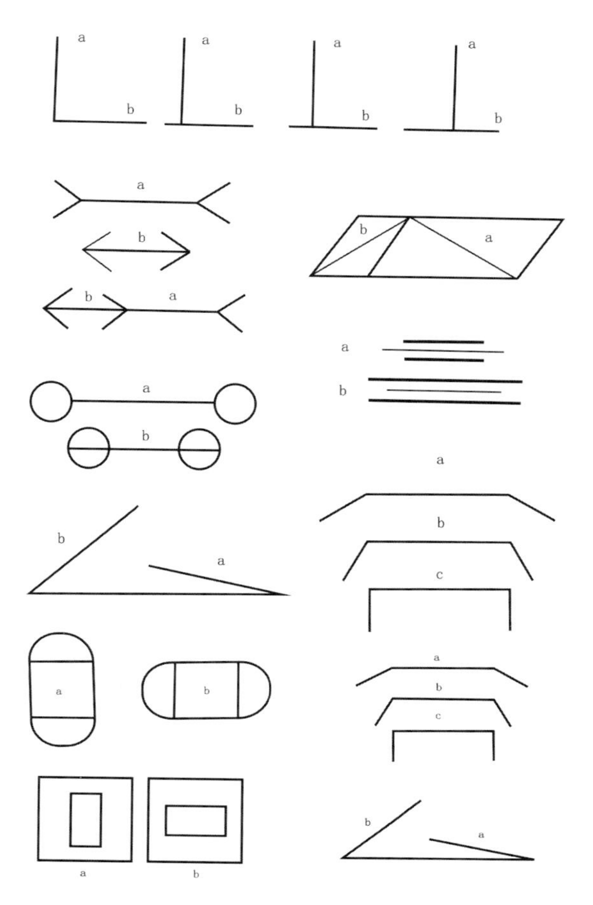

图3-14 线段长短错觉

（3）分割错觉，同一几何形状或同一尺寸的东西，由于采取不同分割方法，也会使人对其形状与尺寸产生不同变化的错觉。一般来说，采用横线分割显得宽矮，采用竖线分割显得高瘦，分割间隔越多，物体越显得比原来宽些或高些。（图3-16）

（4）对比错觉，同一形、色在两种相对的情况下（如大小、长短、高矮、深浅等），由于双方差异较大，也会给人以其形状与尺寸都发生了不同变化的错觉。（图3-17）

(5)图形变形错觉，由于其各个方向的外来干扰或相互干扰，对原来线形造成歪曲的感觉，会给人以原来平等的一组平行线好像不再平行的错觉。(图3-18)

(6)双重性错觉，同一图形由于色彩、方向、位置或排列的两重或多重性，加上人的注意力具有变动性，变幻出两种或多种图形时而交替出现的错觉。(图3-19)

在家具造型设计中，正确运用错觉现象，可以使家具艺术形象更符合人们的视觉要求。例如在家具造型中处理形体尺寸关系时，如果要求使较大的形体变得小一些，使其与其他形体相适应，可以将形体涂成深色，使它具有缩小感，反之用浅色可以使形体有变大的感觉。一个尺度较大的双门柜，柜门的面积较大，但是如果采用线脚的干扰，使其内部变得较小，那么整个门面会显得比实际尺寸小得多，这样家具就会变得更为精美小巧，更具装饰性。在家具造型设计时，有时为改变高宽尺寸的比例关系，除了对实际尺寸作调整外，为了加强某个方向长度感觉，可以沿此方向增加几条分割线条，装饰色或色带，或利用木纹方向，均可以获得此方向尺寸增大的感觉。此外在家具造型上，我们经常可以看到橱柜的望板往往做成向上微凸，或向下沉，这是因为柜体较大的体量，如果将望板做成水平，会产生下垂感，运用这种错觉规律可以进行人为矫正。

图3-15　面积错觉

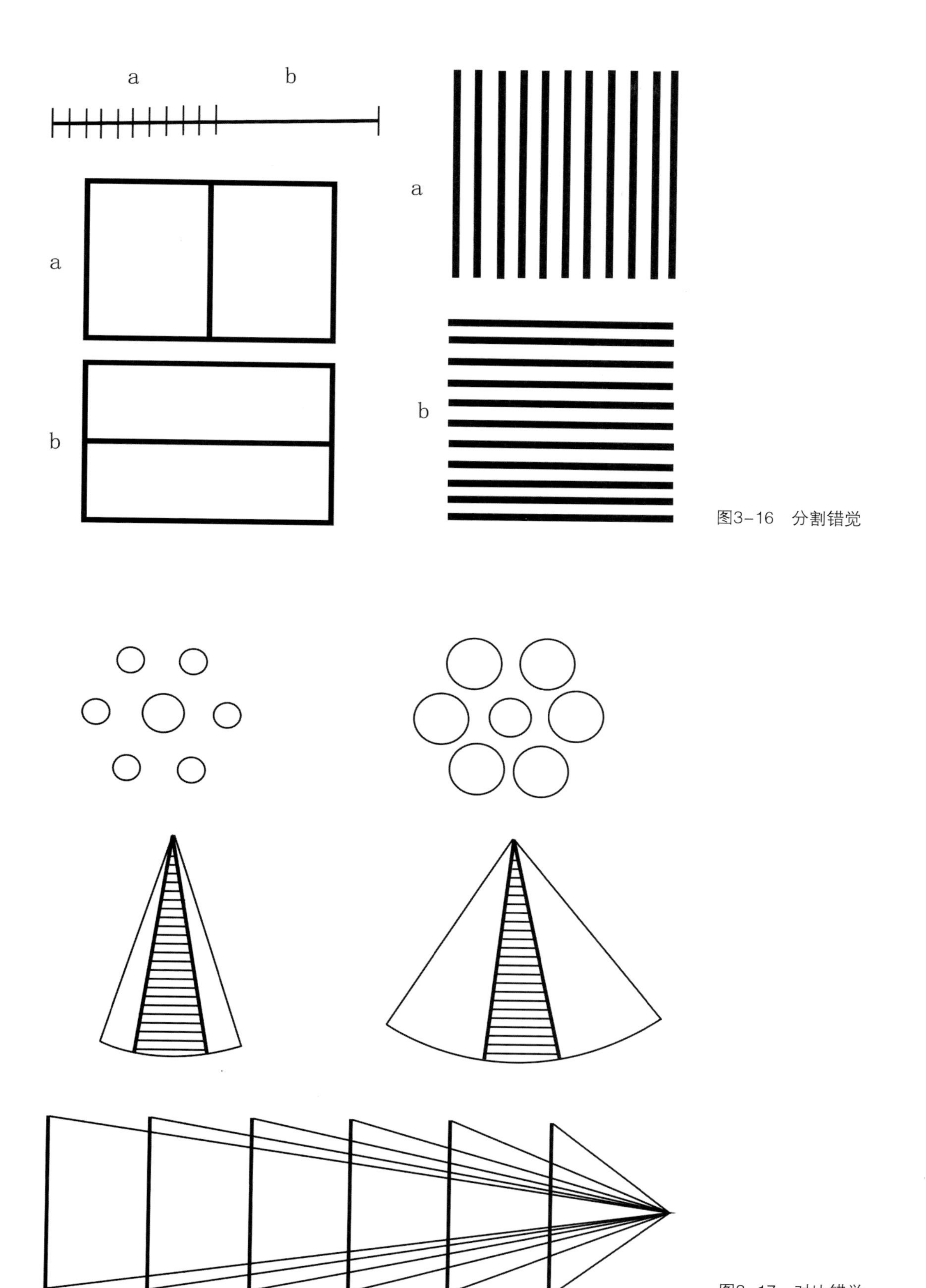

图3-16　分割错觉

图3-17　对比错觉

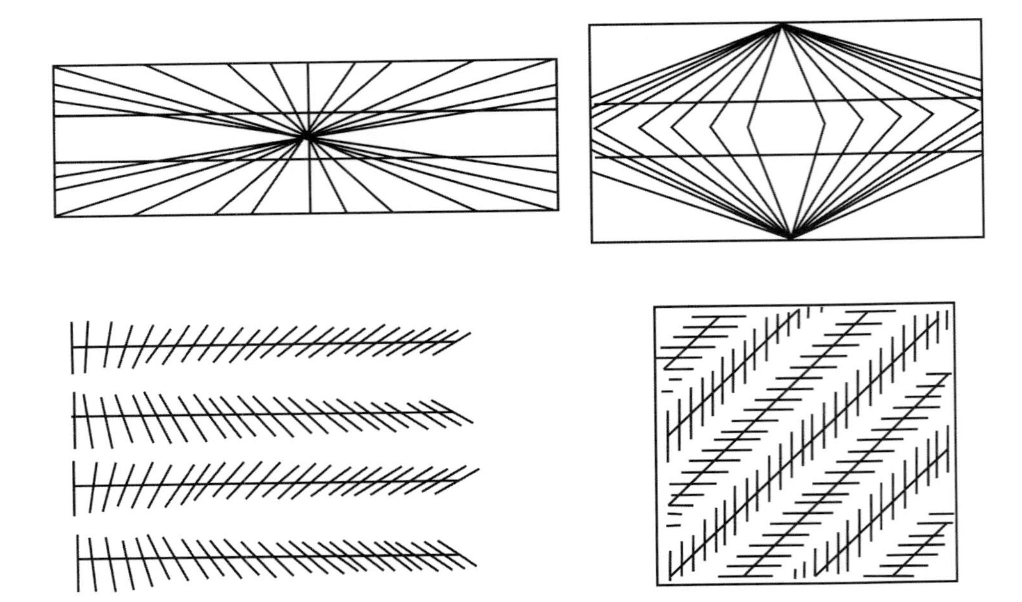

图3-18　变形错觉

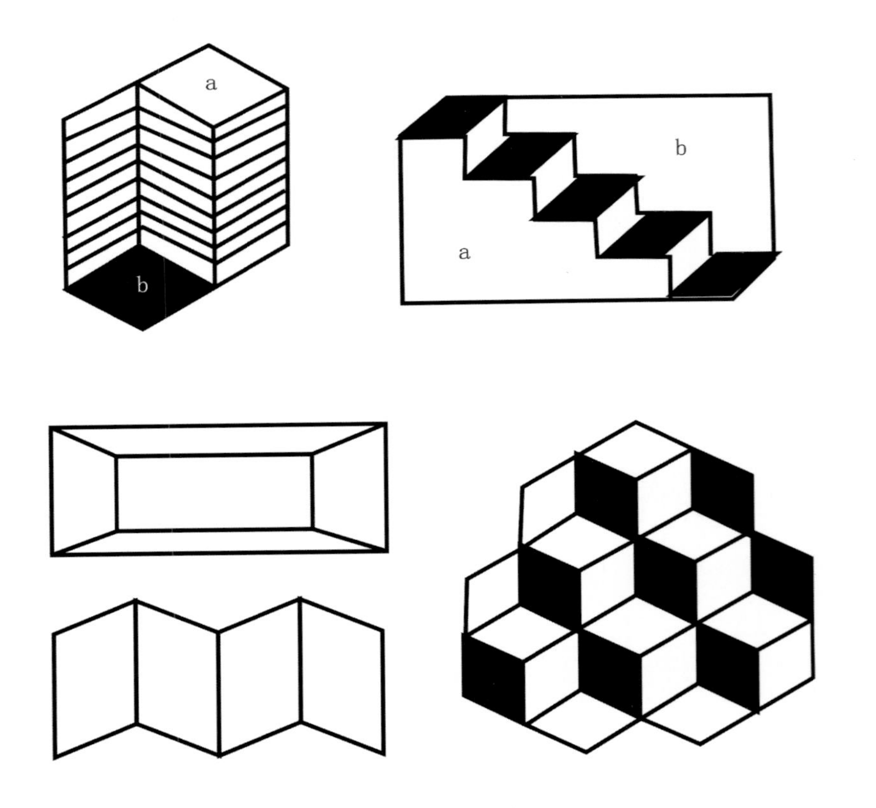

图3-19　双重性错觉

第四章 家具设计流程与表达

第一节 家具设计人员的技能要求

家具设计既是一门艺术，又是一门应用科学，主要包括造型设计、结构设计和工艺设计三个方面。设计的整个过程中包括收集资料、构思、绘制草图、评价、试样、再评价、绘制生产图等流程。设计一件好的家具作品，不仅需要颜色搭配合理、材料运用得当，而且需要考虑人的舒适性，甚至要考虑家具所承载的历史文化内涵。可以说家具设计涉及文化、艺术、历史、材料、加工工艺、人体工程学、结构力学等多个学科的知识。这就要求家具设计师具有多方面的技能，包括造型基础技能、专业设计技能和设计相关的理论知识，主要应具备以下技能要求：

★ 市场分析能力

★ 创意能力

★ 审美能力

★ 草图表现能力

★ 三维软件表现能力

★ 模型制作能力

★ 表达与沟通能力

★ 标准图纸绘制能力

★ 包装设计能力

第二节 家具设计的步骤与方法

家具作为人类生活中不可缺少的用具，有相当长的历史，但是在我国，家具设计作为一门学科来讲，它的历史还是很短的。

在过去，家具生产一直属于手工业生产方式，生产与设计是交融在一起的。手工业产品是以“边设计边生产”的方式进行的，生产者就是设计者，或者生产者按照现有的家具成品照原样仿制。当然，不能说完全没有设计，一些家具生产者有时也会加上自己的一些想法，只是尚未形成一套完整的设计体系。

工业化时代的生产方式，使得家具的生产制作并不是少数几个人就可以完成的，而需要多道工序，甚至多种专业的配合，以现代化生产流程的方式完成。由此看来，家具设计是建立在工业化生产方式的基础上。

一、收集设计资料

设计家具前要广泛收集各种有关的参考资料，包括各地家具设计经验，中外家具发展动态与信息，工艺技术的相关资料和市场动态等，进行整理、分析与研究综合，这是设计顺利进行的坚实基础。

在动手进行设计之前，首先得理一理头脑中的构思、想法和有关设计方面的一些原则问题与相关的技术问题。

任何一件家具的存在都具有特定的功能要求，即为使用功能。使用功能是家具的生命，它是进行家具造型设计的前提。使用功能又包含两个方面的要求：一是满足人们对家具在美化环境、创造优美空间的重要作用，这是审美需求也是精神上的要求；二是人们对各种家具的需求，能使人们更加舒适，在一些贮存方面能更好地整理，节约空间，这是人性的要求。

家具既是实用品，同时又具有艺术品的特征。家具通常是以具体的造型形象地呈现在人们眼前，换一种眼光或是在某种特定的时候来欣赏家具，其实就是一件纯粹的、地地道道的艺术品。

柜子类家具的尺度与人体的关系主要是它的高度问题，而它的体量，它的形体尺度则与房间建筑的尺度关系密切。因而，也可以称与建筑关系密切的柜类家具为建筑系家具，然而与人体关系密切的椅类家居为人体系家具。

在分析和理清家具造型形式因素的不变性与可变性后，针对这些因素的特点进行不同的处理。基本的原则是：不变性因素要慎重对待，注重它的科学性，因为它直接影响家具的舒适性和方便性。在不可变的因素中，尽量找到可变的可能性，以满足造型形象的变化以适应整体家具造型设计的要求。在可变性因素中则要充分利用可变的条件，发挥每个设计者的特长和丰富的想像力，使得家具的设计造型具有美感和个性。

二、设计定位

所谓设计定位是指综合理解设计的使用功能、主要用材、主要结构、基本尺寸和大体造型风格而形成的设计方向。在动手设计和勾勒草图之前，首先要在头脑中理清设计定位中的几个问题，这就是设计构思的开始。

构思的过程是不断调整这些设计因素的相互关系，使之具体化，逐步接近设计的要求的过程。设计定位是否明确，是设计构思的前提，由此而去搜集设计方面的资料，设想未来家具的造型样式，确定家具的体量和尺度等。

这里所说的设计定位是否明确，是指理论上总的要求，更多的是原则性的、方向性的，甚至是抽象性的，不要把它误认为是家居造型具体形象的确定。

设计定位是一种设计方法，是一种设计思维方式，不是死的教条。它是随着我们设计能力和设计水平的不断提高而改变的，会逐渐自然而然融入思维和设计方法中，由必然走向自然。

三、家具设计

家具设计的形态构思从简单的几何形体入手，从而比较更容易地把握住其造型规律。由于几何形体具有单纯、统一的视觉特质，设计师便可以对几何形体进行穿插组合、切割、扭曲等手法获得理想的立体设计形态。同时，也可通过变形与综合手段来获得进一步较复杂的形态创意。

（1）“加一加”：是指一些基本几何形体的积集聚和，也是一种加法的操作。积聚可以是相同几何形体的组合，也可以是不同几何形体的组合，它们在空间中以特定形式进行多变组合，便能构成各种形态的雏形样式。

（2）“减一减”：将一个大的整体，通过减法运算，将整体分割成新的形态。通过这种方法可创造出形式各异的造型，从而赋予形态以不同的新个性。将一个形象或块体作各种不同的分割，或进一步去掉部分基本形态，形成减缺、穿孔或消减。也可以把切割出来的基本形态进行滑动、分离、错位等作各种位置的变化操作。经过切割移位的形态，如果变化后还能看出原型，那么各个局部之间的形态张力会造成一种复归的力，使整体形态具有统一的效果。

（3）“扭一扭”：变形是通过改变一个基本几何形态的特征，从而衍生出另一个新形态的变化手法。通常变形主要指对基本形态的点、线、面、块进行卷曲、扭弯、折叠、挤压、膨胀等各种物理化操作，使形态发生变化，从而获得生动的视觉效果。

另外，家具设计还有很多造型手法，详见本书第三章。

四、绘制方案草图

方案草图是设计初始阶段的设计雏形，以线为主，多是思考性质的，一般较潦草，多为记录设计的灵光与原始意念的，不追求效果和准确。在绘制草图的过程，就是构思方案的过程，草图一般用徒手画。因为徒手画得快，不受工具的限制，可以随心所欲，充分地将头脑中的构思，迅速地表达出来，正投影法的三视图和透视效果的立体图均可。对于比例、结构的要求虽然不严格，但也要注意，否则与实际的尺度出入过大，就失去了意义。

设计草图中包括以下几种：

（1）设计概念草图：是设计图中的重要的图形，为了迅速表达设计者的构思，常使用铅笔，一般都是徒手勾勒。透视草图除了一般以单线条表现外观轮廓外，也常画出阴影和其他线条以突出主体效果，并显示表面的材料质感。

（2）解释性草图：是以说明产品的使用为宗旨。基本以线为主，附以简单的颜色或加强轮廓，经常会加入一些说明性的语言。偶尔还有运用四格漫画的表达方式，多为演示用而非方案比较。

（3）结构草图：是考虑家具造型、结构的依据，包括外形的总体尺寸、满足使用要求的功能尺寸等。

（4）效果式草图：设计师比较设计方案或评审时，以表达清楚结构、材质、色彩，甚至搭配周围的环境和使用者。（图4-1）

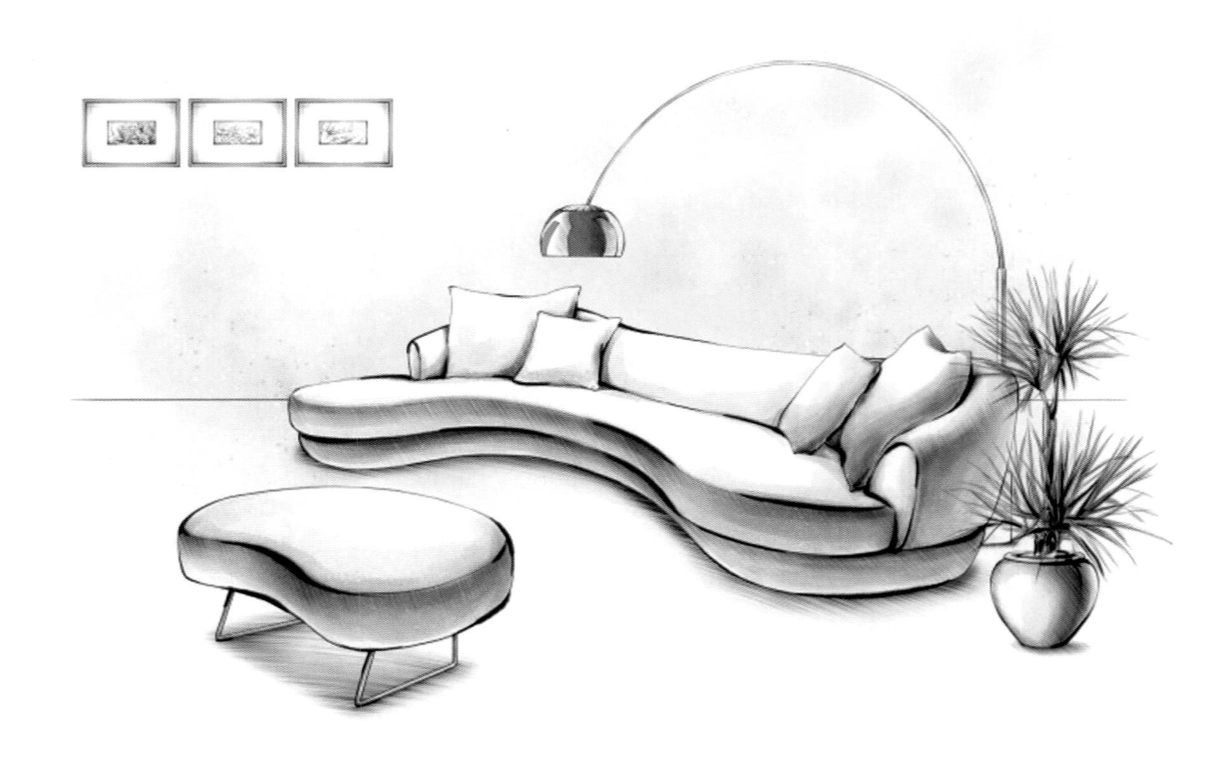

图4-1　手绘效果图

五、绘制三视图和透视效果图

这个阶段是进一步将构思的草图和搜集的设计资料融为一体，使之进一步具体化的过程。

三视图是能够正确反映物体长、宽、高尺寸的正投影工程图（主视图、俯视图、左视图），这是工程界对物体几何形状约定俗成的抽象表达方式。三视图应解决的问题是：首先，家具造型的形象按照比例绘出，要能看出它的体型状态，以便进一步解决造型上的不足与矛盾。第二，要能反映主要的结构关系。第三，家具各部分所使用的材料要明确。在此基础绘制出的透视效果图，则能显示出所设计的家具更加真实与生动。由构思开始直到完成设计模型，经过反复研究与讨论，不断修正，才能获得较为完善的设计方案。设计者对于设计要求的理解，选用的材料结构方式以及在此基础上形成的造型形式，它们之间矛盾的协调处理解决。设计者艺术观点的体现等，最后都要通过设计方案的确定而全面地得到反映。

六、家具装配图

家具装配图又称总装图，是将一件家具的所有零部件之间按照一定的组合方式装配在一起的家具结构装配图。它是家具图样中最重要的一种，它能够全面表达家具的结构，既要表现家具内部结构、装配关系，还要能表达清楚部分零件部件形状，尺寸也较详尽。（图4-2）

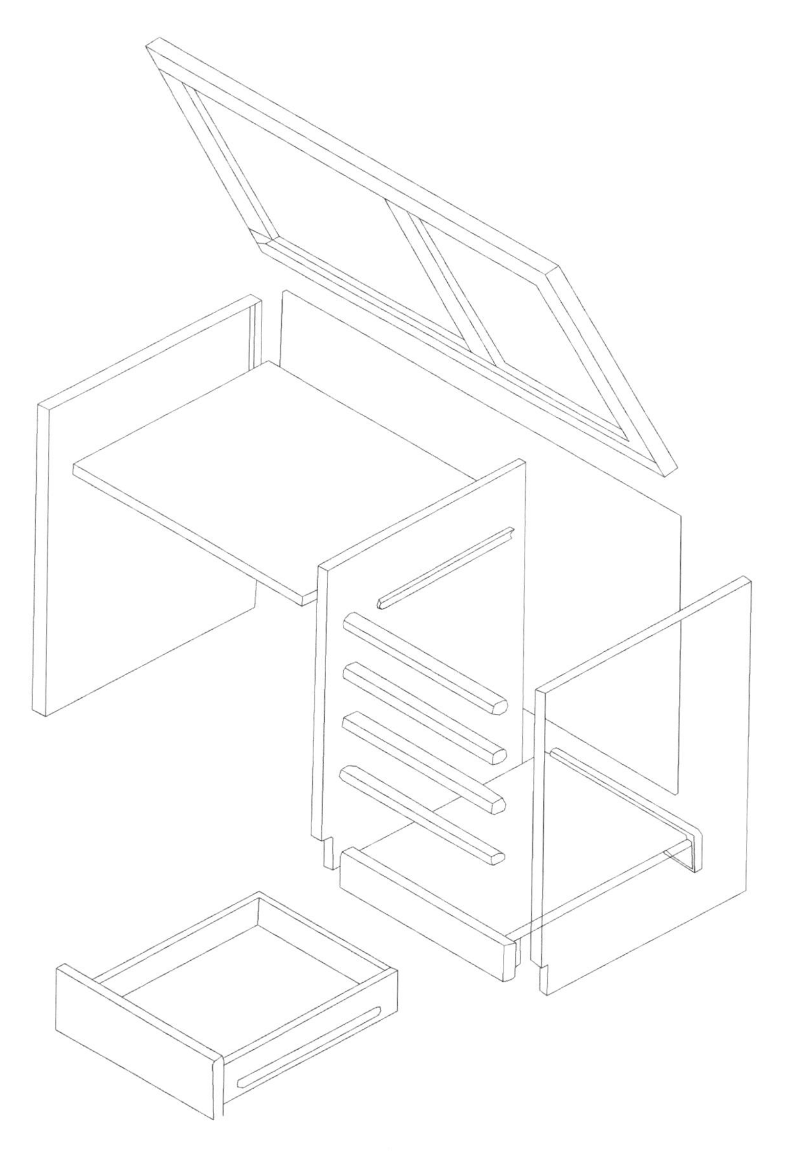

图4-2　家具装配图

七、绘制家具图样的尺寸标注及家具制图标准

（一）标注尺寸的内容

（1）总体轮廓尺寸：家具的规格尺寸，指总宽、高、深。（总体尺寸指家具本身的尺寸，不包括局部因结构装饰而突出的尺寸）

（2）部件尺寸：脚架、抽屉、门的尺寸。

（3）零件尺寸：首先注出断面尺寸，板材要注出其宽和厚。

（4）零部件的定位尺寸：指零部件的相对位置尺寸及零件本身的尺寸。

（二）尺寸标注的注意事项

（1）家具图样的尺寸一律以“毫米”为长度单位，图下不必注写单位。

（2）线性尺寸有尺寸线、尺寸界线、尺寸起止符号和尺寸数字组成。尺寸线、尺寸界线均为细实线。

（3）尺寸数字可以写在尺寸线上方，也可将尺寸线断开，中间写数字。

（4）尺寸线上的起止符号一般采用与尺寸线倾斜45°左右的短线表示也可使用小圆点或箭头。

（5）标注角度时，尺寸的起止符号使用箭头。

（三）零部件编号和明细表

（1）明细表：列出所有零件、部件、附件、及耗用的其他材料的清单。

常见的内容：零部件的名称、数量、规格、尺寸。注意：明细表中开列的零部件规格尺寸均指净料尺寸，即零件加工完成的最后尺寸。

（2）明细表的对应关系：

常将明细表直接画在图中，特别是部件图中的明细表。这时需对零部件进行编号。

编号方法：用细实线引出，末端指向所编零件，用一小黑点表示其位。

编号原则：

①要按顺序，排列整齐。

②尽可能使有关零部件集中编号。

③当将明细表直接画在标题栏上方时，编号的零部件填写要从下往上填，可避免因遗漏而无法补齐。

八、制作模型

通过产品模型可以让设计师更清楚、更直观地了解产品外观、结构、性能等，能够深入探讨产品造型的总体布局、线形风格、空间体量、人际关系、比例大小、表面处理等设计问题，国外很多家具公司都成立了专门的模型设计制作工作室。

按照模型的用途，可以将模型分为参考模型、结构功能模型和外观样品模型。参考模型又称为草模，是在斟酌设计方案阶段制作的模型；结构模型是用来研究家具造型与结构关系的模型，这类模型要求将家具的结构尺寸特点、连接方式、过渡形式清晰表达出来；外观样品模型一般采用设计原材料，用较严格的尺寸，做成与实际产品几乎相同的模型。

在家具模型制作中，制作过程及制作工艺对作品的最终效果起着十分关键的作用，不同的制作技巧和制作方式可以产生出精致、自然与朴素等不同的艺术效果。因此，充分利用制作技术，发挥材料特有的美感，是构成作品不可忽视的一个重要环节。各种材料由于所具有的强度、质感或重量等性能上的差别，其相对的加工手段和工艺也不尽相同，它直接地影响到家具设计整体的实用性、经济性和美观性。合理的工艺方法是丰富设计造型变化、增强设计艺术效果的有效途径。设计人员应熟悉材料质地、性能特点，了解材料的工艺要求，这样才能有助于对材料的选择和合理应用，形成符合材料特性的造型语言。下面就几种常用模型制作材料的基本加工手段作简单介绍。

1. 金属材料

金属材料具有强度高、材质均匀致密、易于加工等特点，以其闪亮的光泽、坚硬的质感、特有的色调和挺拔的线条广泛应用于立体造型领域。

（1）铸造。铸造是指利用金属的可熔性将其熔化后注入铸型制成铸件的加工方法。在制作无法弯曲或锻造的立体时，铸造便是最能发挥其价值的加工方法。

（2）锻造。锻造是指金属材料在锻打或锻压中承受压力加工而延展和塑性变形的过程。锻造工艺充分利用了金属的延展性能，特别是在锻打过程中产生的非常丰富的肌理效果，忠实地留下了制作过程中情绪化的痕迹，具有强烈的个性化特征。

（3）焊接。金属焊接是使分离的两部分金属形成不可拆卸的连接体的工艺方法，分离的金属经焊接后成为一个整体，非常牢固。

2. 木材

木材具有质轻、纹理美观、易加工成型等，在模型制作中的应用比较广泛，常用加工方法有：

（1）弯曲木材具有较好的韧性，它常用的工具设备一般采用刨、锉、锯、钻、车床、钳等，弯曲能力决定于木材的塑性，制造弯曲造型的方式有锯制加工和曲木弯制加工这两种。

（2）雕刻是在传统木雕工艺中最常见的技法，在过去，一般靠手工雕刻，现在一般采用雕刻机雕刻。

（3）经过锯割的木材往往显示出天然的纹理和材质特点，具有天然材质的美感。

3. 石膏

石膏是一种价格低廉、来源方便、具有良好成型性的材料。由于石膏在常温下能从液态转化成固态，而且易于成型加工，又易于进行表面涂饰和与其他材料结合使用，所以它是模型制作较为理想的材料之一。根据石膏材料的特点，模型的成型方法有以下几种：直接浇注法、车削加工成型法、翻制粗模成型后加工法、骨架浇注成型加工法等。

4. 黏土

黏土是一种含水的铝硅酸盐矿物质，经过研磨后，配成泥坯料，再用水调和成质地细腻的生泥，经过塑造，可形成家具模型。由于黏土模型容易开裂，所以一般用来制作体积较小的家具模型。

5. 油泥

油泥也是一种制作模型的好材料，主要成分是化石粉、凡士林和工艺用蜡，使用前需要加热。油泥可塑性强，韧性好，修刮填补方便，在成型过程中可以随意塑造和修改，不易干裂，并可回收和反复使用。由于油泥良好的可塑性，被广泛应用于曲线形和较为复杂形态的模型塑造。

第三节　家具设计进程表

开发一件家具作品往往需要很长的周期，这就需要有很强的计划性，在固定的时间做该做的事情。表4-1为某公司的项目进程表，每两天为一个单位进行。实际情况各个公司不同。

表4-1　××家具设计项目进程表

XX家具设计项目进程表									
	1	2	3						
项目定义	M	W	F	M	W	F	M	W	F
调研与规划									
目标陈述									
明确任务									
任务列表									
开发进度表									
商业案例									
原始参数									
背景研究									
消费者方面									
消费者访谈									
消费者需求									
质量要求									
目标规范									
设计									
概念开发									
功能结构									
产品构建									
概念分析									
概念选择									
具体设计									
系统规模									
草图									
方案归纳与整理									
环保设计分析									
设计评审									
细节设计									
细节图纸									
分解图									
装配图材料清单									
设计说明书									
工程技术									
原型制作									
初始模型									
原型图纸									
材料加工工艺选择									
预先测试									
最终原型									
设计提炼									
测试计划									
接受测试									
项目整理收尾									

第五章 现代优秀家具设计师及经典作品赏析

从设计理念来看，工艺美术运动时期的家具可以看作是现代家具的开端，从那时开始到现在，涌现了一大批优秀的设计师，并设计出了一批优秀的作品，在此罗列部分大师和作品供欣赏。

米切尔·索尼特，奥地利人，1836年获得了层压板新工艺的专利，随后设计的索尼特14号椅获得了第一届世博会的铜奖。他设计的家具最大的特点是价格低廉，造型典雅，适合大批量生产。（图5-1、图5-2）

查尔斯·雷尼·麦金托什，是格拉斯哥学派的代表人物之一，他是工艺美术时期与现代主义时期的一个重要的过渡式的人物，在设计史上具有承上启下的作用和意义。设计的家具，特别是他出名的高背椅，完全是黑色的高背造型，非常夸张，是格拉斯哥四人组风格的集中体现。麦金托什的设计中玫瑰花图案随处可见，设计师的用心可见于每一处细节及装饰图案中。（图5-3、图5-4）

图5-1　米切尔·索尼特

图5-2　索尼特 14号椅

图5-3　查尔斯·雷尼·麦金托什

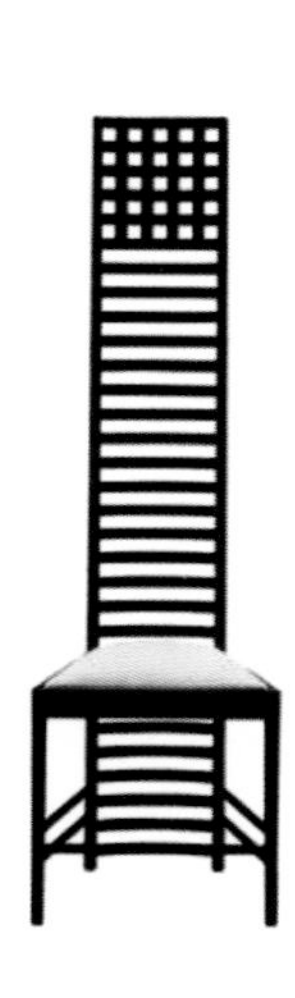

图5-4　高背椅

里特·维尔德，荷兰人，1911—1919年独立经营家具木工。在20世纪20年代后期和30年代，作品具有强烈的现代构成风格。他是1928年“现代建筑国际学会”最初的创始人之一。在现代设计运动中，他是创造出最多的“革命性”设计构思的设计大师。他是荷兰“风格派”艺术运动的代表，所设计的“红蓝椅”是现代家具设计史上的经典。（图5-5）

米斯·凡德洛，德意志制造同盟重要成员，现代主义运动的代表人物之一，设计艺术教育家，包豪斯的重要成员。1886年生于德国，1908年进入贝伦斯设计事务所工作，受贝伦斯的影响很大，提出了“少即是多”的功能主义美学思想。1929年，米斯被委任设计巴塞罗那国际博览会的德国馆，在这个设计项目中，为这个建筑设计的家具，特别是著名的现代主义经典椅子——巴塞罗那椅，成为米斯风格的经典注解，是这个从德国小城走出来的设计大师最经典的写照。（图5-6、图5-7）

勒·柯布西耶，1887年生于瑞士，早年他在法国的一所艺术学院学习。1929年他同贝里昂·夏洛蒂合作，为秋季沙龙设计了一套公寓的内部陈设，其中包括椅、桌和标准化的柜类组合家具。1942—1948年，他用了7年时间完成了著名的模数的研究工作。（图5-8、图5-9）

阿尔瓦·阿尔托，芬兰建筑师和家具设计师，1921年阿尔托从赫尔辛基大学建筑系毕业，1923年开办事务所。1929年设计了他的第一件层积胶合木椅子，不过最初还带有木框镶边，直到1933年才制成不带木框的层积弯曲木椅。1931年创建阿泰克公司，专门生产他自己设计的家具、灯具和其他日用品。阿

图5-5　红蓝椅

图5-6　米斯·凡德洛

图5-7　巴塞罗那椅

图5-8　柯布西耶躺椅

图5-9　巴斯库存兰椅

尔托的作品明显地反映出受到芬兰环境影响的痕迹。他是举世公认的20世纪最多产的建筑大师和家具设计大师。1940年他任美国麻省理工学院教授，对美国的建筑、家具设计产生巨大影响，以层木家具的设计闻名于世。（图5-10、图5-11）

马歇尔·拉尤斯·布劳耶，生于匈牙利的佩奇，六位经典设计大师中最年轻的一位。1920年他进入在魏玛的包豪斯学院学习工业设计和室内设计。1925年当包豪斯迁至德绍后，布劳耶已毕业并成了学院制作车间的主任。格罗皮乌斯院长指定他为学院设计家具，同时，他设计了第一把用钢管制作的"瓦西里椅"。1933年他设计的铝合金家具在巴黎获奖。1937年移居美国，1944年人美国籍。1946年起他在纽约开办了自己的事务所。（图5-12）

沃尔特·格罗佩斯，生于柏林，1969年在美国逝世。他早年在慕尼黑和柏林学习建筑。1910年加入德意志制造联盟，1919年组建包豪斯学院，1937年移居美国，任哈佛大学建筑系主任。（图5-13、图5-14）

图5-10　阿尔瓦·阿尔托

图5-11　阿尔托设计的帕米奥扶手椅

图5-12　布劳耶设计的瓦西里椅

图5-13　沃尔特·格罗佩斯

图5-14　格罗佩斯设计的沙发

图5-15　阿诺·雅各布森

阿诺·雅各布森，生于丹麦的哥本哈根，丹麦国宝级设计大师，北欧的现代主义之父，丹麦功能主义的倡导人。1927年毕业于哥本哈根美术学院。在其学生时代就已风华初露，他设计的椅子在1925年巴黎国际设计博览会上就曾获得银奖。之后受到勒·柯布西耶和米斯·凡德洛罗等人的影响。随着其设计观念的日益成熟，雅各布森成为二战后北欧设计一风格的典型代表，并赢得了国际声誉。50年代他设计的“蚁椅”大获成功，成为丹麦学派的经典之作。在这之后他设计的“蛋椅”、“天鹅椅”、“牛津椅”等作品表现出一种神奇的力量，广为传播，成为现代家具设计的不朽杰作。（图5-15、图5-16）

图5-16　雅各布森的蛋椅

汉斯·维格纳，1914年生于丹麦一个叫同德恩的小镇，早年接受木工训练，1936年进入哥本哈根的一所工艺美术学校学习设计，后到雅建筑事务所工作，主要负责室内和家具设计。他设计的家具曾在“丹麦木工协会”的展览上连年获奖，成为历史上这一展览获奖最多的设计师。他受中国明式及英国古典家具影响设计了著名的“中国椅”、“温莎椅”，这为其在国际上赢得了巨大的荣誉与商业成功。是丹麦乃至世界上20世纪最伟大的家具设计师之一。（图5-17）

图5-17　温莎椅

查尔斯·伊姆斯出生于美国，在华盛顿大学学习建筑，并游历欧洲研究第一代家具设计大师的作品，回国后开办建筑设计事务所。受到老沙里宁的赏识，1936年起在美国匡溪艺术设计学院学习并任教。1940年他与小沙里宁合作设计的胶合板椅在纽约现代艺术博物馆举办的竞赛中获得大奖。1946年纽约现代艺术博物馆为其举办了个人设计作品展览，赢得了巨大的声誉。1950年伊姆斯设计了一组玻璃纤维增强树脂薄壳座椅。50年代他又设计了铝合金椅、层积弯曲木椅等作品。伊姆斯一生勤奋，设计无数，被誉为20世纪现代设计的卓越创造者。（图5-18）

埃罗·沙里宁，出生于芬兰，父亲沙里宁是一位设计师，母亲也是一位设计师和雕塑家。小沙里宁由于受家庭环境的熏陶，自幼便显露出强烈的艺术天资。成年后先后就读于巴黎艺术学院、美国耶鲁大学建筑系。在美国和伊姆斯一起工作时，他们曾同时获得纽约现代艺术博物馆设计竞赛的一等奖。最著名的设计有1946年有机玻璃增强塑料的“胎椅”，1957年设计的铝制支架、塑料坐面的“郁金香椅”和圆桌。他把有机形式和现代功能结合起来，开创了有机现代主义的设计新途径，成为20世纪中叶美国最有创造性的建筑设计师之一。（图5-19、图5-20）

图5-18　伊姆斯设计的休闲躺椅（MS-05）

图5-19　沙里宁设计的郁金香椅

图5-20　沙里宁设计的胎椅

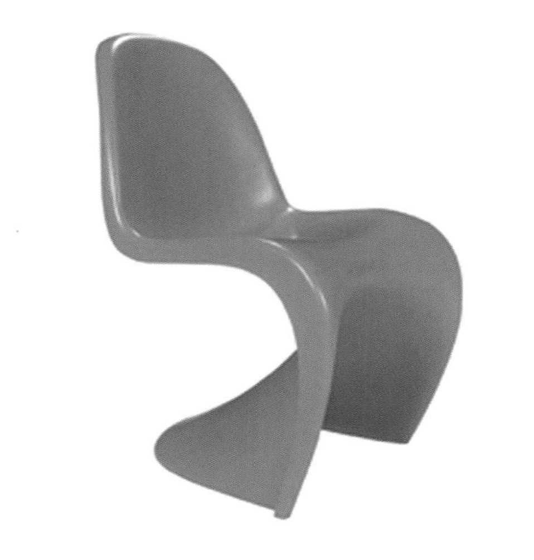

图5-21　潘顿椅

图5-22　潘顿设计的锥形椅

图5-23　库卡波罗设计的卡路赛利椅

维纳尔·潘顿，生于丹麦，曾在欧登塞技术学校学习，1951年毕业丹麦皇家艺术学院建筑系，随后两年进入阿诺·雅各布森事务所工作从事家具设计，并参与了其中许多重要设计。1955年成立独立设计室。1958年他应邀为丹麦福奈岛上著名的“好再来酒吧”做扩建装修室内设计，并第一次展示其著名的“锥形椅”。他设计的“克隆椅”、“心系列椅”、“烫落椅”以及可叠放式座椅，表现出动人心魄的想像力。他始终以“革命性”的态度面对设计，以最新的技术、最新式的材料和充满戏谑调侃式的乐观心态对家具设计展开大胆创新。（图5-21、图5-22）

约里奥·库卡波罗，1933年生于芬兰，他自幼在绘画上就表现出非凡的天赋，1954年考入赫尔辛基工艺美术学院后，更是以超群的才华反复获得设计竞赛的头奖。他作为第三代芬兰设计大师始终站在现代设计发展的最前沿，以令人难以置信的设计产量和质量，成为这个时代使用各种塑料进行家具设计的最杰出代表之一，又以其对人体工程学的深入研究，设计出20世纪最舒适的座椅，同时又是现代办公家具的主要代表人物。他几乎荣获过国际国内有关室内设计和家具设计的所有著名奖项，并于1988年荣获“教授艺术家”这一北欧最高学术称号。其代表作品有“卡路赛利”系列家具、“阿代利亚”椅等。（图5-23）

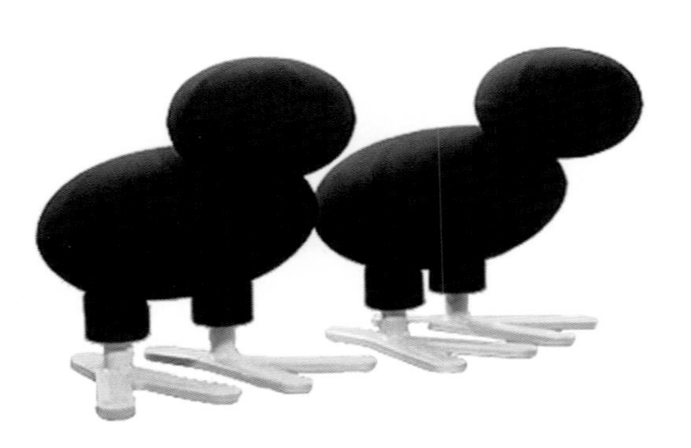

图5-24 艾洛·阿尼奥家具作品1

图5-25 艾洛·阿尼奥家具作品2

艾洛·阿尼奥，1932年生于芬兰，毕业于赫尔辛基工艺美术学院，1962年成立个人工作室，从事室内设计与工业设计。60年代他设计的“球椅”在科隆家具博览会上一举成名。随后他同样以合成材料设计创作了“香锭椅”、“泡沫椅”和“番茄椅”等一系列作品。其设计风格表现为高度艺术化倾向，在其作品中流露出对不同艺术语言追求的时代气息。70年代其作品有波普设计倾向，80年代他成为第一批为电影设计家具的设计师，其设计作品充分体现出设计师独特的气质与国际流行思潮有机结合而形成的独特风格。（图5-24至图5-26）

图5-26 艾洛·阿尼奥

埃托瑞·索特萨斯，“孟菲斯小组”的创始人，1917年生于奥地利，后随全家移居意大利，父亲是著名的建筑设计师。索特萨斯于1939年毕业于都灵综合技术学校。他创立工作室从事室内装潢和家具设计，并受尼尔森的影响，逐渐形成自己的风格。自20世纪60年代后期起，索特萨斯的设计从严格的功能主义转变到更为人性化和更加色彩斑斓的设计，并强调设计的环境效应。20世纪80年代，他和七位设计师组成“孟菲斯”设计集团，“孟菲斯”反对将生活铸成固定模式，开创了一种无视一切模式和突破所有清规戒律的开放型设计思想。他们的设计在国际上有很强的影响力，同时这也影响着其他国家设计师的设计风格，索特萨斯与这些国家的设计师一起开创了“新设计运动”。（图5-27）

图5-27 索特萨斯设计的博古架

图5-28　科伦波设计的座椅

图5-29　科伦波

图5-30　Tube-Chair（也是科伦波设计的作品）

图5-31　飞利浦斯·塔克

图5-32　飞利浦·斯塔克家具作品

乔·科伦布，风格超前，当时被视作是“未来家具设计的先驱”。在其短暂的设计生涯中，创作了无数经典的现代设计作品，成为20世纪五六十年代意大利现代设计中的关键人物，并建立了一整套将技术创新与功能性思维相结合的设计思想体系。他针对人类根本的生活习惯这一概念作了广泛的研究，认为设计师不仅仅是产品的创造者，也是我们生活环境的塑造者，他为“家具设计引入未来派”设计风格。（图5-28至图5-30）

菲利浦·斯达克，当今最负盛名的创意设计师，涉猎丰富且态度严谨，1949年生于法国。自幼便显露出对设计所特有的天赋，1969年刚满20岁的斯达克被任命为著名的皮尔·卡丹事务所的艺术指导，不久便设计出数十种家具。20世纪70年代，他推出了“Francesa Spanish”木制椅、休闲椅和“Von Vogelsang”博士沙发等作品，尤其是为“Cafe Costes”咖啡馆所做的室内设计获得巨大成功。80年代，作为新生代设计巨星的斯达克先后推出一系列家具作品：“利斯先生”、“桑德巴博士”、“Glob压模塑料椅”、“洛拉·蒙多”和“弗瑞克小姐”等。（图5-31、图5-32）

图5-33　马里奥·博塔

马里奥·博塔，瑞士著名设计师，1961年考入米兰艺术学院学习，1964年考入威尼斯大学建筑系学习。毕业不久便建立了自己的设计事务所，从事建筑设计以及家具和灯具等工业设计。他最重要的家具设计作品是1982年完成的Seconda椅和1985年面世的Quinta系列椅，它们都源于20世纪70年代建筑设计中的高技术风格，是对以“孟菲斯”为代表的“反设计运动”过分装饰化倾向的对抗。博塔力求表现一种来自材料和技术的理性主义美感，体现出其“几何就是平衡”的设计理念。（图5-33、图5-34）

加维尔·马雷斯卡尔，出生于西班牙瓦伦西亚，西班牙当今最著名的设计师，曾经为巴塞罗那奥运会所做的设计为他赢得了国际性的声誉。1980年他为Duplex酒吧设计的“Duplex”凳，1995年设计的“Alessandra”椅子，采用明亮而富有表现力的色彩、不对称造型或大胆采用卡通造型，这成为其设计作品中极具特色的一面。

图5-34　马里奥·博塔家具作品